本书由北京印刷学院2021 年学科专项（21090121003）资助出版

Python
数据分析基础

吴仁群◎编著

Python SHUJU FENXI JICHU

由浅入深地讲解Python语言的基本知识点
遵循理论知识和实践知识并重原则
提供大量综合性实例

知识产权出版社
全国百佳图书出版单位
——北京——

图书在版编目 (CIP) 数据

Python 数据分析基础 / 吴仁群编著 . —北京 : 知识产权出版社 ,2022.5
ISBN 978-7-5130-8173-3

Ⅰ . ① P… Ⅱ . ①吴… Ⅲ . ①软件工具 – 程序设计   Ⅳ . ① TP311.561

中国版本图书馆 CIP 数据核字 (2022) 第 083836 号

内容简介

本书是一本实用性很强的 Python 数据分析基础教程, 书中不仅讲解了 Python 程序设计的基础知识, 而且提供了大量实用性很强的编程实例。全书共 8 章, 内容包括 Python 语言概述、Python 语言基础、函数与模块、常见数据结构、迭代器与生成器、NumPy 模块及应用、Pandas 模块及应用、Matplotlib 模块及应用等。

本书内容实用、结构清晰、实例丰富、可操作性强, 可作为高等学校经济管理类专业 Python 数据分析课程的教材, 也可作为计算机相关专业的教材, 还可供 Python 语言的自学者参考。

责任编辑 : 徐　凡   责任印制 : 孙婷婷

Python 数据分析基础
Python SHUJU FENXI JICHU

吴仁群　编著

出版发行　知识产权出版社 有限责任公司		网　　址 : http://www.ipph.cn	
电　话 : 010-82004826			http://www.laichushu.com
社　　址 : 北京市海淀区气象路 50 号院		邮　　编 : 100081	
责编电话 : 010-82000860 转 8533		责编邮箱 : laichushu@cnipr.com	
发行电话 : 010-82000860 转 8101		发行传真 : 010-82000893	
印　　刷 : 北京中献拓方科技发展有限公司		经　　销 : 新华书店、各大网上书店及相关专业书店	
开　　本 : 787mm×1092mm　1/16		印　　张 : 16.75	
版　　次 : 2022 年 5 月第 1 版		印　　次 : 2022 年 5 月第 1 次印刷	
字　　数 : 410 千字		定　　价 : 78.00 元	

ISBN 978-7-5130-8173-3

前　言

Python 语言是一种解释型的、面向对象的、带有动态语义的高级编程语言。在电影制作、搜索引擎开发、游戏开发等领域，Python 都扮演了重要的角色。数据科学网站 KDnuggets 发布的 2018 数据科学和机器学习工具调查结果显示，Python 成为最受青睐的数据科学、机器学习工具。当前，中国高等教育已进入大众化教育阶段，在校大学生全都是 2000 年后出生。如何根据这些新情况来培养应用型高级专门人才是众多应用型本科院校必须思考的问题，而教材建设在人才培养过程中起着非常重要的作用。

作为一本实践性很强的 Python 语言基础教材，本书具有以下特点。

（1）包含了 Python 程序设计语言的最基础知识，且知识点的讲述由浅入深，符合学生学习计算机语言的习惯。

（2）遵循理论知识和实践知识并重的原则，且尽量采用图例的方式描述理论知识，并辅以大量的实例来帮助学生理解知识、巩固知识、运用知识。

（3）大部分章节都提供综合性实例，帮助学生学会综合利用各种知识来解决实际问题。

本书共 8 章：第 1 章讲述 Python 语言发展历程、Python 语言的特点、开发平台和开发过程及如何上机调试程序；第 2 章介绍 Python 语言编程的基础语法、变量和数据类型、表达式、控制和循环语句等；第 3 章讲述 Python 函数和模块的定义及使用；第 4 章介绍常见数据结构（如字符串、元组、列表、集合、字典、栈和队列）；第 5 章介绍 Python 语言迭代器与生成器的含义及使用；第 6 章介绍 NumPy 模块及应用；第 7 章介绍 Pandas 模块及应用；第 8 章介绍 Matplotlib 模块及应用。

本书由北京印刷学院吴仁群编写。

编者在编写过程中，参考了本书参考文献中所列举的图书，在此，对参考文献中所列图书的作者表示深深的感谢。本书的出版得到北京印刷学院 2021 年学科专项（21090121003）的资助。

由于时间仓促，书中难免存在一些不足之处，敬请读者批评指正。

编　者

目　录

第 1 章　Python 语言概述

本章的学习目标：
- 了解 Python 语言的发展历程
- 了解 Python 语言的特点
- 了解 Python 语言的应用
- 掌握 Python 语言运行平台的安装与使用

Python 语言是目前使用较为广泛的编程语言之一，是一种解释型的、面向对象的、带有动态语义的高级编程语言。

1.1　Python 语言发展历程及特点

1.1.1　Python 语言的发展历程

Python 语言是由荷兰人吉多·范罗苏姆（Guido van Rossum）于 1989 年在荷兰国家数学和计算机科学研究所设计出来的。他某次在为 ABC 语言写插件时，产生了开发一种简洁又实用的编程语言的想法，并开始着手编写。因为他喜欢 Monty Python 喜剧团，所以将语言命名为 Python。

Python 语言是在其他语言的基础上发展而来的，这些语言包括 ABC、Modula-3、C、C++、Algol-68、SmallTalk、UNIX shell 和一些脚本语言等。像 Perl 语言一样，Python 源代码同样遵循 GPL（GNU General Public License）协议。

Python 的第一个公开发行版发行于 1991 年。1994 年 1 月，吉多·范罗苏姆为 Python 增加了 lambda-map-filter 和 reduce 等功能，发布了 Python 1.0 版本，并于 2000 年 10 月 16 日发布了 Python 2.0 版本，加入了内存回收机制，构成了现在的 Python 语言框架的基础。后来，又在 Python 2.0 的基础上增加了一系列功能，发布了一系列 Python 2.x 版本。如 2004 年 11 月 30 日发布了 Python 2.4，增加了最流行的 Web 框架 Django 等。Python 2.7 是 Python 2.x 版本系列的最后一个版本。相对于 Python 的早期版本，Python 3.0 版本有较大的升级，在设计的时候没有考虑向下兼容。因此，若使用 Python 编写新的程序，建议使用 Python 3.x 系列版本的语法，除非运行环境无法安装 Python 3.x 或者程序本身使用了不支持 Python 3.x 系列的第三方库。Python 3.50 及以上版本不能用于 Windows XP 及更早的操作系统。Python 3.90 及以上版本不能用于 Windows 7 及更早的操作系统。截至作者编写本教材时，Python 版本为 3.9.3。现在 Python 由一个核心开发团队维护，但吉多·范罗苏姆仍然起着至关重要的指导作用。网站 https://www.python.org 提供了 Python 版本发展的详细情况。

如今，Python 已是一种知名度高、影响力大、应用广泛的主流编程语言了，在电影制作、搜索引擎开发、游戏开发等领域，都扮演着重要的角色。在未来的很长一段时间里，Python 很可能以更强的功能、更大的用户群来维持、巩固其重要地位。

在过去的几年间，Python 得到了迅速发展。数据科学网站 KDnuggets 发布的 2018 年数据科学和机器学习工具调查结果显示，Python 成为最受青睐的分析、数据科学、机器学习工具。

2021 年，Python 再次获得 Tiobe 公司推出的"年度编程语言"奖。这是其第五次获得该奖项。

1.1.2　Python 语言的特点

Python 语言具有以下特点。

1. 简洁、易学

Python 是一种简洁、易上手的语言，这使得使用者可以清晰地进行编程却不至陷入细节，且省去了很多重复工作。Python 有相对较少的关键字，结构简单，具有明确定义的语法，学习起来更加简单、容易。

2. 运行速度相对较快

Python 的底层及很多库是使用 C 语言编写的，故其运行速度相对较快。

3. 解释运行、灵活性强

Python 是解释型的语言，无须像 C 语言那样先编译后执行，这使得它的灵活性更强。解释运行使得使用 Python 更加简单，也更便于将 Python 程序从一个平台移植到另一个平台。

4. 免费、开源，扩展性强

Python 是一种免费、开源的语言，这一点很重要，它对 Python 用户群的扩大起到了至关重要的作用。同时，使用者的增加又丰富了 Python 的功能。使用者可以自由地发布这个软件的拷贝，阅读它的源代码，对它做改动，把它的一部分用于新的自由软件中。这实际上是一种良性循环。

5. 拥有丰富的类库，具有良好的移植性

Python 拥有丰富的类库，并且可移植性非常强，可与 C、C++ 等语言配合使用，这使其能胜任很多的工作，如数据处理、图形处理等。

6. 面向对象

与 C++ 和 Java 语言相比，Python 以一种非常强大又简单的方式实现面向对象编程。

1.1.3　Python 语言的应用

近年来，Python 发展迅速，已稳定占据 Tiobe 官网发布的编程语言排行榜的前三位，并且是目前大学里最常用的语言之一。在许多软件开发领域，如脚本和进程自动化、网站开发及通用应用程序等，Python 也越来越受欢迎。随着人工智能的发展，Python 又成为机器学习的首选语言。

Python 的主要应用领域如下。

云计算：Python 是云计算领域最热门的语言之一，典型的应用是 OpenStack。

Web 开发：许多优秀的 Web 框架和大型网站都是由 Python 开发的，例如 YouTube、

Dropbox、Douban。

人工智能和科学计算：Python 在人工智能领域的机器学习、神经网络、深度学习等方面，都是主流的编程语言。Python 擅长进行科学计算和数据分析，支持各种数学运算，可以绘制出高质量的 2D 和 3D 图像。

系统操作编写和维护：Python 是系统操作编写和维护人员的基本语言。

金融定量交易和金融分析：在金融工程量化分析领域，Python 不仅使用频率最高，而且其重要性逐年增强。

图形用户界面（GUI）：PyQt、wxPython、Tkinter 等模块提供了丰富的创建 GUI 应用程序功能。

运用 Python 的公司和机构如下。

谷歌（Google）：谷歌的应用程序引擎和代码，如 Google.com、Google 爬虫、Google 广告和其他项目，正在广泛使用 Python。

美国中央情报局（CIA）：美国中央情报局网站是用 Python 开发的。

美国宇航局（NASA）：美国宇航局广泛使用 Python 进行数据分析和计算。

YouTube：世界上最大的视频网站 YouTube 是用 Python 开发的。

Dropbox：Dropbox 是美国最大的在线云存储网站，全部用 Python 实现，每天上传和下载文件 10 亿次。

Instagram：美国最大的照片共享社交网站 Instagram 每天有 3000 多万张照片被共享。这个网站是用 Python 开发的。

脸书（Facebook）：脸书公司大量的基本库是通过 Python 实现的。

红帽（Red Hat）：世界上最流行的 Linux 发行版中的 Yum 包管理工具是用 Python 开发的。

Douban：Douban 公司几乎所有的业务都是通过 Python 开发的。

除此之外，还有搜狐、金山、腾讯、盛大、网易、百度、阿里、淘宝、土豆、新浪、果壳等公司正在使用 Python 来完成各种任务。

1.2　Python 开发环境配置

1.2.1　Python 开发环境

1. 默认编程环境

在安装 Python 3.8.10 时，系统会自动安装一个默认编程环境 IDLE。初学者可直接利用这个环境进行学习和程序开发，而没有必要安装其他软件。

本书基于 Python 3.8.10 来介绍 Python 的相关知识，所有程序均在该版本下调试通过。

2. 其他常用开发环境

其他常用开发环境包括：

（1）Eclipse+PyDev。

（2）PyCharm。

（3）Wing IDE。

（4）Eric。

（5）PythonWin。

（6）Anaconda3（内含 Jupyter 和 Spyder）。

（7）zwPython。

其中应用比较广泛的是 Anaconda3。Anaconda3 是一个开源的 Python 发行版本，其包含了 conda、Python 等 180 多个科学包及其依赖项，基本能满足用户开发需要，且不用在开发中考虑是否需要安装相应的模块。感兴趣者可以从网站 https://www.anaconda.com/download 下载有关软件。

1.2.2　Python 安装

Python 3.8.10 的安装过程如下。

（1）从网站（www.python.org）下载 Python 3.8.10，文件名为 python–3.8.10–amd64.exe 或 python–3.8.10(32 位).exe，双击后出现一个窗口如图 1-1 所示。

图 1-1　Python 3.8.10(64-bit)Setup 窗口

（2）在图 1-1 所示窗口中勾选所有复选框，单击 Customize installation 选项，弹出如图 1-2 所示的界面。

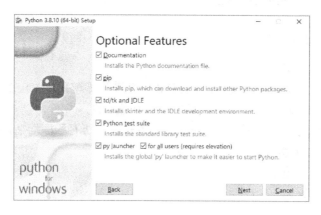

图 1-2　Optional Features 界面

（3）在图 1-2 所示的界面中勾选所有复选框，单击 Next 按钮，弹出如图 1-3 所示的界面。

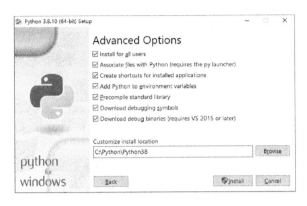

图 1-3　Advanced Options 窗口

（4）在图 1-3 所示的界面中勾选所有复选框，单击 Browse 按钮，将安装路径变为 C:\Python\Python38，然后单击 Install 按钮，系统处于安装状态，如图 1-4 所示。

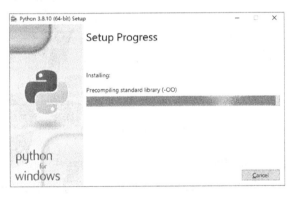

图 1-4　安装进行界面

（5）安装完毕后，出现如图 1-5 所示的界面。在该窗口中单击 Close 按钮。至此，安装结束。

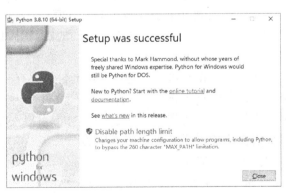

图 1-5　安装完成界面

安装完成后，Python 系统目录结构如图 1-6 所示。

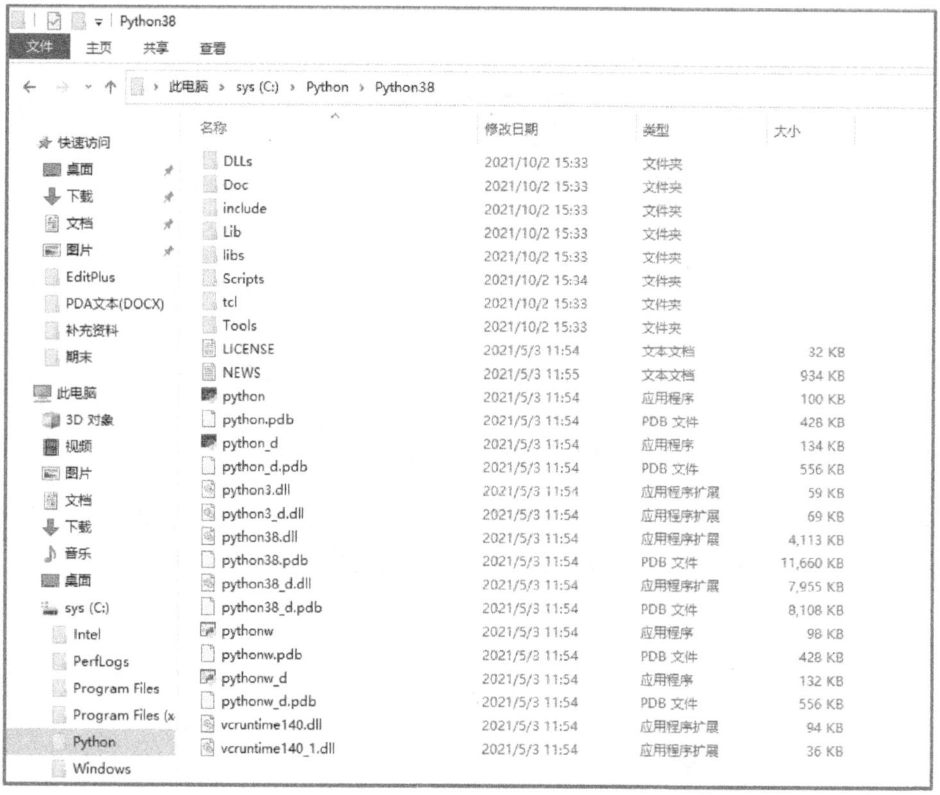

图 1-6   Python 安装系统目录结构

现对主要文件和文件夹说明如下。

python.exe 文件是一个可执行文件，在 cmd 命令行下输入 python.exe 会生成一个 Windows 命令行窗口。

DLLs 文件夹：存放 Python 的 *.pyd（Python 动态模块）文件与 Windows 的几个 *.dll（动态链接库）文件。

Doc 文件夹：存放一些文档。在 Windows 平台上，只有一个 python3810.chm 文件，里面集成了 Python 的所有文档，双击即可打开阅读，非常方便。

include 文件夹：Python 的 C 语言接口头文件，当在 C 程序中集成 Python 时，会用到这个文件夹中的头文件。

Lib 文件夹：存放 Python 自己的标准库、包、测试套件等，有非常多的内容。

libs 文件夹：这个文件夹中是 Python 的 C 语言接口库文件。

Scripts 文件夹：pip 可执行文件的所在文件夹，通过 pip 可以安装各种各样的 Python 扩展包。这也是这个文件夹需要添加到环境变量 Path 中的原因。

tcl 文件夹：Python 与 TCL 的结合。

Tools 文件夹：存放一堆工具集合，另有 README.txt 文件说明了工具的用途。

1.2.3 环境变量设置

在 Python 语言的应用中，有两个非常重要的环境变量：Path 和 PYTHONPATH。

Path 用于指定系统安装位置和系统内置模块的位置。如果安装系统时勾选"Add Python 3.8.10 to Path"复选框，那么该环境变量在安装中将自动设置好，否则就要使用手动方式来设置 Path。这样做的主要目的是将系统安装位置和该位置下的 Scripts 子目录添加到系统的 Path 环境变量中。

PYTHONPATH 用于指定用户自己编写的模块或第三方模块的位置，以便让 Python 解释器能找到这些模块，否则在导入该模块时会出现找不到该模块的错误。因此，必须把所需要的模块的路径添加到 PYTHONPATH。

环境变量的设置过程基本类似，以下仅举例说明在 Windows 10 下如何设置环境变量 PYTHONPATH，Path 环境变量的设置可参照执行。

设置环境变量 PYTHONPATH 的步骤如下。

（1）右击"计算机"，出现如图 1-7 所示的快捷菜单。

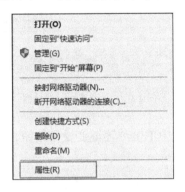

图 1-7 快捷菜单

（2）在图 1-7 所示的快捷菜单中选择"属性"命令，出现如图 1-8 所示窗口。

图 1-8 "控制面板\系统和安全\系统"配置窗口

（3）在图 1-8 所示的窗口中单击"高级系统设置"菜单项，出现如图 1-9 所示的对话框。

图 1-9　"系统属性"对话框

（4）在图 1-9 所示的对话框中单击"环境变量"按钮，出现如图 1-10 所示的对话框。

图 1-10　"环境变量"对话框

（5）在图 1-10 所示对话框中的"用户变量"部分单击"新建"按钮，弹出"系统变量"对话框，在"变量名"文本框中输入"PYTHONPATH"环境变量，在"变量值"文本框中输入"D:\myLearn\Python"，如图 1-11 所示。

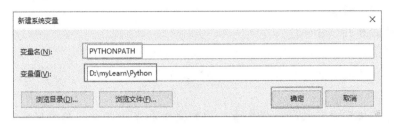

图 1-11　"新建系统变量"对话框

（6）在图 1-11 所示的对话框中单击"确定"按钮，弹出增加环境变量后的"环境变量"对话框，如图 1-12 所示。

图 1-12　"环境变量"对话框（增加环境变量后）

从图 1-12 可知，已经新增加一个环境变量 PYTHONPATH。顺便指出，当发现某个环境变量的值需要修改时，可单击"编辑"按钮进行修改，也可单击"删除"按钮删除不需要的环境变量。本书开发模块均在 D:\myLearn\Python 目录下，因此这里设置 PYTHONPATH

的值为 D:\myLearn\Python。读者可根据自己的实际情况设置该变量。

提示：

在 Windows XP 中设置环境变量的主要步骤如下。

（1）右击"我的电脑"。

（2）选择"属性"命令。

（3）在弹出的"系统属性"对话框，选择"高级"选项卡。

（4）单击"环境变量"按钮，弹出"环境变量"对话框。

说明：

Windows 系统中存在两种环境变量：用户变量和系统变量。两种环境变量中是可以存在重名的变量的。用户变量只对当前用户有效，而系统变量对所有用户有效。

Windows 系统在执行用户命令时，若用户未给出文件的绝对路径，则首先在当前目录下寻找相应的可执行文件、批处理文件等。若找不到，再依次在系统变量 Path 保存的这些路径中寻找相应的可执行程序文件（查找顺序是按照路径的录入顺序从左往右寻找的，最前面一条的优先级最高，如果找到命令就不会再向后寻找），如果还找不到，再在用户变量 Path 路径中寻找。如果系统变量和用户变量 Path 中都包含某个命令，则优先执行系统变量 Path 中包含的这个命令。

Windows 系统中不区分用户变量和系统变量名字的大小写，变量设置为 Path 和 PATH 没有区别。

1.2.4　用户模块文件管理

Python 语言是一种解释语言，为了让解释器 python.exe 能对用户模块文件进行解释，必须对用户模块文件进行适当管理，以便解释器能识别模块，并进行解释运行。管理用户模块文件的方式通常有以下 3 种。

1. 将用户的模块文件（如 abc.py）放到目录 \lib 的子目录 \site-packages 下

子目录 \lib\site-packages 位于 Python 的安装位置下，当 Path 环境变量包含 Python 的安装位置时，位于子目录 \lib\site-packages 下的模块文件是能被 Python 解释器 python.exe 导入并解释运行的。

但是，如果把模块文件都放在此目录下，则会导致模块文件混乱，甚至可能会破坏一些模块文件。因此，一般不建议采取这种方式。

2. 使用 .pth 文件

在 site-packages 文件中创建 .pth 文件，将模块的路径写进去，一行一个路径，以下是一个示例（.pth 文件也可以使用注释）：

```
# .pth file for the my project（这行是注释）
D:\myLearn\python
D:\myLearn\python\mysite
D:\myLearn\python\mysite\polls
```

这不失为一个好的方法，但存在管理上的问题，而且不能在不同的 Python 版本中共享。

3. 使用 PYTHONPATH 环境变量

PYTHONPATH 是 Python 中一个重要的环境变量，用于指定导入模块时的搜索路径，可以通过如下方式访问。

（1）暂时设置模块的搜索路径：修改 sys.path。导入模块时，Python 会在指定的路径下搜索相对应的 .py 文件，搜索路径存放在 sys 模块的 sys.path 变量中。通过下列方式可以看到 sys.path 变量的内容。

```
>>> import sys
>>> sys.path
PATH=C:\Python\Python38\Scripts\;C:\Python\Python38\;C:\WINDOWS\system32;C:\
WINDOWS;C:\WINDOWS\System32\Wbem;C:\WINDOWS\System32\WindowsPowerShell\
v1.0\;C:\WINDOWS\System32\OpenSSH\;C:\Users\dellpc\AppData\Local\Microsoft\
WindowsApps;
```

通过 append 函数在其后添加搜索路径。例如，若要导入的第三方模块的路径是 'D:\myLearn\python'，那么在 Python 解释器中添加 sys.path.append(' D:\\myLearn\\python ') 即可。

但是这种方法只是暂时的，下次再进入交互模式的时候又要重新设置。

（2）永久设置模块的搜索路径：设置 PYTHONPATH 环境变量。如何设置 PYTHONPATH 在前面已做介绍，在此不再赘述。

1.3　Python 的使用方式

1.3.1　命令行方式

以下介绍如何在命令行方式下使用 Python。

（1）单击"开始"按钮，选择"运行"菜单，此时出现一个对话框，如图 1-13 所示。

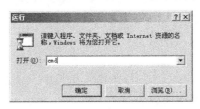

图 1-13　"运行"对话框

（2）在图 1-13 所示对话框中输入命令"cmd"，之后单击"确定"按钮，出现一个命令窗口，如图 1-14 所示。

```
C:\Documents and Settings\wu>
```

图 1-14　命令窗口

（3）在图 1-14 所示窗口中的 DOS 提示符后面（注：提示符内容视机器而定，这里为 C:\Documents and Setting\wu）输入工作路径所在硬盘的盘符（如 D:）并按 Enter 键，此时出现一个命令窗口，如图 1-15 所示。

```
C:\Documents and Settings\wu>D:
D:\>
```

图 1-15　命令窗口

（4）在图 1-15 所示窗口中的 DOS 提示符 D:\> 后面输入转换路径的命令"cd 工作路径"，就可以转换到自己的工作路径，如这里使用的工作路径为 D:\mylearn\python，则输入的转换工作路径的命令为 cd D:\mylearn\python，按 Enter 键后出现一个命令窗口，如图 1-16 所示。

```
C:\Documents and Settings\wu>D:
D:\>cd d:\mylearn\python
D:\mylearn\python>
```

图 1-16　命令窗口

（5）在图 1-16 所示窗口中的 DOS 提示符"D:\mylearn\python >"后面输入 python 命令和有关参数就可以运行模块文件，如下所示。

D:\mylearn\python>python PDA01.py

PDA01.py 为用户建立的模块文件。模块文件可使用 Editplus 来编辑。本书所有模块文件都是使用 Editplus 编辑并在命令行下使用 python.exe 解释器解释运行的。

建议初学者使用 Editplus 编辑模块文件（不管包含多少命令），然后在命令行下使用 python.exe 解释器解释运行。

PDA01.py 的内容为
print('Hello Python!')

表 1-1 显示了 Python 命令行参数。

表 1-1　Python 命令行参数

选　　项	描　　述
–d	在解析时显示调试信息
–O	生成优化代码（.pyo 文件）
–S	启动时不引入查找 Python 路径的位置
–V	输出 Python 版本号
–c cmd	执行 Python 脚本，并将运行结果作为 cmd 字符串
file	在给定的 Python 文件执行 Python 脚本

1.3.2　IDLE 方式

这种方式下，首先启动 IDLE。启动后出现一个窗口，如图 1-17 所示。

图 1-17　Shell 窗口

在 Shell 窗口的 >>> 下就可输入各种命令。输入中可随时进行保存。

当然，除了 >>> 下输入各种命令外，用户也可将命令编辑成一个模块文件（.py 文件），例如，使用 File 菜单下的 New File 命令来编辑，使用 Open 命令打开一个已编辑好的文件，等等。使用 New File 命令来编辑时，会出现如图 1-18 所示窗口。

图 1-18　模块文件编辑窗口

在图 1-18 所示窗口中就可以编辑模块文件。当然，模块文件可采用任何编辑工具（包括 Editplus）编辑。

1.3.3　Spyder 方式

Anaconda3 内含的 Spyder 可进行程序开发。启动 Spyder 后，出现如图 1-19 所示窗口。

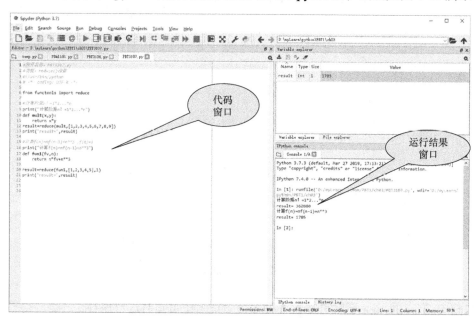

图 1-19　Spyder 窗口

窗口左方为代码窗口，右下方为运行结果窗口。客观上，使用 Spyder 进行开发比较方便，但这个软件大，在计算机系统配置不高的情况下，启动会慢。

1.4　本章小结

本章主要介绍了 Python 语言的发展历程、Python 语言的特点、Python 开发环境安装与配置、用户模块文件管理及 3 种 Python 常见的使用方式等。

1.5　思考和练习

1. 简述 Python 语言的发展历程。
2. 简述 Python 语言的特点。
3. 设置 PYTHONPATH 环境变量。
4. 学会安装 Python 3.8.10 软件，然后编写一个简单的 Python 程序，并利用解释器运行。

第 2 章   Python 语言基础

本章的学习目标：
- 了解 Python 程序的基本语法
- 掌握 Python 语言的变量与数据类型
- 掌握 Python 语言的常见运算符
- 掌握 Python 语言的条件控制与循环语句

Python 语言是在其他语言（如 C 语言）的基础上发展起来的，因此与其他语言有许多相似之处，如循环结构和判断结构等。不过作为一门语言，Python 语言也有其自身的特点。读者在学习 Python 语言时，可对比其他语言，重点理解 Python 语言的独特之处。

2.1   Python 基础语法

2.1.1   Python 程序基本框架

Python 程序由一系列函数、类及语句组成，其基本框架如图 2-1 所示。

Python 程序是顺序执行的。Python 中首先执行最先出现的非函数定义和非类定义的没有缩进的代码，C 语言等则以 main() 函数为执行的起点。因此，为了保持与 C 语言等其他一些语言的习惯相同，建议在 Python 程序中增加一个 main() 函数，并将对 main() 函数的调用作为最先出现的非函数定义和非类定义的没有缩进的代码，这样 Python 程序便可以 main() 作为执行的起点。因此，建议 Python 程序框架如图 2-2 所示。

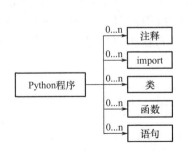

图 2-1   Python 程序框架（一般性）

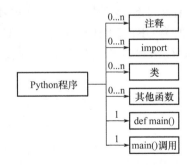

图 2-2   Python 程序框架（建议性）

以下举例说明，见表 2-1。

表 2-1　Python 程序基本框架举例

Python 程序	说　　明
# 程序名称：PDA2100.py	注释
# 程序功能：展示程序框架	注释
def sum(x, y):	函数定义
return x+y	函数内语句
def main():	函数定义
x=1	函数内语句
y=2	函数内语句
print("sum=", sum(x, y))	函数内语句（含函数调用）
main()	函数调用

本书中的程序绝大部分按照这种框架进行组织。

2.1.2　Python 编码

Python 默认编码是 UTF-8，也可以源码文件指定不同的编码。例如：

–*– coding: GBK –*–

上述定义允许在源文件中使用 GBK 编码。GBK 编码是 Windows 环境下的一种汉字编码。

又如：

–*– coding: UTF-8 –*–

上述定义允许在源文件中使用 UTF-8 编码。

不同编码之间不能直接转换，要借助 Unicode 实现间接转换。例如，GBK 编码转换为 UTF-8 编码的格式流程为：首先通过 decode() 函数转换为 Unicode 编码，然后通过 encode() 函数转换为 UFT-8 编码。类似地，UTF-8 编码转换为 GBK 编码的格式流程为：首先通过 decode() 函数转换为 Unicode 编码，然后通过 encode() 函数转换为 GBK 编码，如图 2-3 所示。

图 2-3　UTF-8 和 GBK 编码之间的转换

Python 中提供了两个实用函数 decode() 和 encode()。
UTF-8 编码转换为 GBK 编码的过程为：

>>>decode(' UTF-8')　　　　# 从 UTF-8 编码转换成 Unicode 编码

>>>encode('GBK')　　　# 将 Unicode 编码编译成 GBK 编码

GBK 编码转换为 UTF-8 编码的过程为:

>>>decode('GBK')　　　　# 从 GBK 编码转换成 Unicode 编码
>>>encode(' UTF-8')　　　　# 将 Unicode 编码编译成 UTF-8 编码

2.1.3　Python 注释

Python 中的注释有单行注释和多行注释。

1. 单行注释

单行注释以 # 开头,例如:

```
# 这是一个单行注释
print("Hello, World!")
```

2. 多行注释

多行注释用两个三引号(单三引号或者双三引号)将注释括起来,例如:

```
#!/usr/bin/python3
'''
这是多行注释,用三个单引号
这是多行注释,用三个单引号
'''
print("Hello, World!")
```

或

```
#!/usr/bin/python3
"""
这是多行注释,用三个双引号
这是多行注释,用三个双引号
"""
print("Hello, World!")
```

2.1.4　行与缩进

1. 缩进

与 Java 和 C 等语言不同的是,Python 使用缩进来表示代码块,不需要使用大括号 {}。缩进的空格数是可变的,但是同一个代码块的语句必须包含相同的缩进空格数。例如:

```
if True:
    print ("This  is  True")
else:
    print ("This  is  False")
```

下面举例说明空格缩进数不一致时会导致运行错误。

【实例 2-1】

```
# 程序名称：PDA2101.py
# 程序功能：展示缩进不一致的错误
#!/usr/bin/python
# –*– coding: UTF–8 –*–
if True:
    print ("This  is  ")     #L1
    print ("True")      #L2
else:
    print ("This  is  ")      #L3
  print ("False")      #L4
```

以上程序由于缩进不一致，执行后会出现如下错误。

```
File "PDA2101.py", line 10
    print ("False")       # L4
                     ^
IndentationError: unindent does not match any outer indentation level
```

说明：

在程序 PDA2101.py 中 L1、L2、L3 和 L4 所对应的行属于同一层次，缩进空格数相同，行首字母应纵向对齐，否则运行时会出错。

2. 多行语句

若语句很长，可以使用反斜杠（\）来实现多行语句，例如：

```
total=item_one +\
        item_two +\
        item_three
```

也可将多行语句放在括号（[]，{}，或 ()）中，而不使用反斜杠（\），例如：

```
total=['item_one', 'item_two', 'item_three',
        'item_four', 'item_five']
```

2.1.5　常用的几个函数或命令

1. input() 函数

input() 内置函数可从标准输入读入一行文本，默认的标准输入是键盘。

```
#!/usr/bin/python3
str=input(" 请输入：")
print (" 你输入的内容是 : ", str)
```

说明：

input() 函数的返回值是字符串，可利用 int()、float() 等函数将数值型字符串转换为对应的数值。例如：int("123") 的结果为 123，float("123.12") 的结果为 123.12。

这类转换函数在后面有关章节还将详细介绍。

2. print() 函数

print() 内置函数可实现将特定对象（如 Number 型数值、字符串等）输出到屏幕上。例如：

```
print ("Hello Python！")
```

运行后输出结果为：

Hello Python！

输出多项内容时，内容之间用逗号"，"隔开。例如：

```
str1="good"
i=100
print ("Hello Python！", str, " i=", i)
```

运行后输出结果为：

Hello Python！　good　i=100

print() 默认是换行的，若想不换行需要在输出内容末尾加上 end=""。例如：

```
# 不换行输出
print(" This  is ", end=" " )
print(" Python")
```

执行后输出结果：

This is Python

3. pass 命令

pass 是一个在 Python 中不会被执行的语句。在复杂语句中，如果一个地方需要暂时被留白，它常常被用于占位符。

借助 pass 可以防止语法错误。例如：

```
if a>1:
    pass       # 占位作用
```

这里 if 后的语句块暂时未确定，因此用 pass 作为占位符。如果此时去掉 pass，就会出错。

又如：

```
def fun():
    pass      #占位作用
```

函数 fun() 的功能暂时未实现，这时先利用 pass 作为占位符。同样，此时去掉 pass 就会出错。

4. del 命令

在 Python 中，一切皆是对象。借助 del 命令可删除任何对象。例如：

```
del name        #删除某个变量
del Classname        #删除某个类
```

提示：

由于内存空间有限，因此使用 del 命令删除一些永久或暂时不使用的对象是必要的。

5. id() 函数

在 Python 中，变量实际存储的是内存地址，函数 id() 查看变量指向的内存地址。例如：

```
x=10
print(id(x))        # 140703774499760
```

即变量 x 存储的是地址 140703774499760，该地址单元中存储的内容为 10。

6. type() 函数

Python 中有不同类型的对象，如 int 型对象（即整数型对象）、str 型对象（即字符串型对象）等。利用 type() 可查看对象的类型。例如：

```
x=100
print(type(x))      #<class 'int'>
s="I am String"
print(type(s))      #<class 'str'>
```

2.1.6　Python 关键字

Python 关键字是字符序列，在 Python 中具有特定含义和用途，不能用作其他用途。Python 关键字如表 2-2 所示。

表 2-2　Python 关键字

关　键　字	描　　　述
False	布尔类型的值，表示假，与 True 对应
class	定义类的关键字
finally	异常处理使用的关键字，用它可以指定始终执行的代码，指定代码在 finally 里面
is	用于判断两个变量的指向是否完全一致，内容与地址需要完全一致，才返回 True，否则返回 False
return	Python 函数返回值，函数中一定要有 return 返回值才是完整的函数。如果没有 return 定义函数返回值，那么会得到一个结果是 None 对象，而 None 表示没有任何值

续表

关　键　字	描　　述
None	None 是一个特殊的常量，None 和 False 不同，None 不是 0。None 不是空字符串。None 和任何其他数据类型比较永远返回 False。None 有自己的数据类型 NoneType。可以将 None 复制给任何变量，但是不能创建其他 NoneType 对象
continue	continue 语句被用来告诉 Python 跳过当前循环块中的剩余语句，然后继续进行下一轮循环
for	for 循环可以遍历任何序列的项目，如一个列表或者一个字符串
lambda	定义匿名函数
try	程序员可以使用 try…except 语句来处理异常。把通常的语句块放在 try 块中，而把错误处理的语句放在 except 块中
True	布尔类型的值，表示真，与 False 相反
def	定义函数时使用
from	在 Python 中用 import 或者 from…import 来导入相应的模块
nonlocal	nonlocal 关键字用来在函数或其他作用域中使用外层（非全局）变量
while	while 语句重复执行一块语句。while 是循环语句的一种，while 语句有一个可选的 else 从句
and	逻辑判断语句，and 左右两边都为真则判断结果为真，否则都是假
del	删除列表中不需要的对象，删除定义过的对象
global	定义全局变量
not	逻辑判断，取反的意思
with	实质是一个控制流语句，with 可以用来简化 try…finally 语句，它的主要用法是实现一个类 _enter_() 和 _exit_() 方法
as	取新的名字，如 with open('abc.txt') as fp、except Exception as e、import numpy as np 等
elif	和 if 配合使用
if	if 语句用来检验一个条件，如果条件为真，执行一块语句（称为 if 块），否则处理另外一块语句（称为 else 块）。else 从句是可选的
or	逻辑判断，or 两边有一个为真，判断结果就是真
yield	yield 用起来像 return，即告诉程序，要求函数返回一个生成器
assert	声明某个表达式必须为真，编程中若该表达式为假就会报错 AssertionError
else	与 if 配合使用
import	在 Python 中用 import 或者 from…import 来导入相应的模块
pass	pass 的意思是什么都不要做，作用是弥补语法和空定义上的冲突
break	break 语句是用来终止循环语句的，即使循环条件不为 False 或者序列还没有被完全递归，也会停止循环语句
except	使用 try 和 except 语句来捕获异常
in	判断对象是否在序列（如列表、元组等）中
raise	raise 抛出异常
async	async 用来声明一个函数为异步函数。异步函数的特点是能在函数执行过程中挂起，同时去执行其他异步函数，等到挂起条件（假设挂起条件是 sleep(5)，也就是 5 秒到了）消失后再回来执行
await	await 用来声明程序挂起，比如异步程序执行到某一步时需要等待的时间很长，就将其挂起，先去执行其他的异步程序

说明：

- True、False 和 None 的第一个字母 T、F 和 N 必须大写，其他都小写。
- 通过下列方式查看所有关键字：

import keyword

print(keyword.kwlist)　　　#打印关键字列表

2.1.7　Python 标识符

标识符就是用来标识包名、类名、变量名、模块名及文件名等的有效字符序列。Python 语言规定标识符由字母、下画线和数字组成，并且第一个字符不能是数字。例如，在字符序列 3 max、class、room#、userName 和 User_name 中，3 max、room#、class 不能作为标识符，因为 3 max 以数字开头，room# 包含非法字符 "#"，class 为保留关键字。标识符中的字母是区分大小写的，例如 Bei 和 bei 表示不同的标识符。

一般标识符需按照以下规则命名。

- 标识符尽量采用有意义的字符序列，便于从标识符识别出所代表的基本含义。
- 包名：包名是全小写的名词。
- 类名：首字母大写，通常由多个单词合成一个类名，要求每个单词的首字母也要大写，例如 class HelloWorldApp。
- 接口名：命名规则与类名相同，例如 interface Collection。
- 方法和函数名：往往由多个单词合成，第一个单词通常为小写的动词，中间的每个单词的首字母都要大写，例如 balanceAccount 和 isButtonPressed。
- 变量名：全小写，一般为名词，例如使用 area 表示面积变量、length 表示长度变量等。
- 不建议使用系统内置的模块名、类型名或函数名以及已导入的模块名及其成员名作变量名，这将会改变其类型和含义，可以通过 dir(__builtins__) 查看所有内置模块、类型和函数。

2.2　变量与数据类型

2.2.1　变量

1. 变量概述

与 Java 和 C 语言等不同的是，Python 语言不需要事先声明变量名及其类型。Python 语言的变量是通过赋值来创建的。换言之，每个变量在使用前都必须赋值，只有赋值后，才会创建该变量。例如：

score =95　　#赋值整型变量

area =86.76　　#赋值浮点型变量

name =" 吴二 "　　#赋值字符串型变量

以上实例中，95、86.76 和 " 吴二 " 分别赋值给 score、area 和 name 变量。

　　Python 中的变量并不直接存储值，而是存储值的内存地址或者引用。例如赋值语句" score =95"的执行过程是：首先在内存中分配空间存放值 95，最后创建变量 score 指向这个内存地址，如图 2-4 所示。

图 2-4　赋值语句

　　说明：

　　（1）如果赋值语句右边是表达式，首先计算表达式的值，然后在内存中分配空间存放该值。

　　（2）Python 允许同时为多个变量赋值。

　　例如：

score1=score2=score3=95

　　以上实例中，三个变量 score1、score2、score3 指向同一内存空间（即存储 95 的空间），如图 2-5 所示。

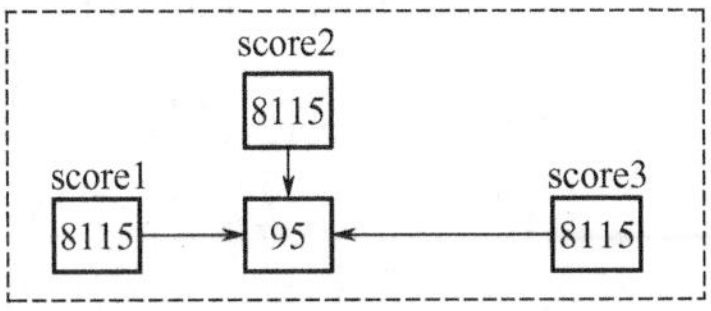

图 2-5　多变量赋值

　　【实例 2-2】

```
# 程序名称：PDA2102.py
# 程序功能：展示多变量赋值
def main():
    score1 =score2=score3=95
    print("score1 的地址 =", id(score1))
    print("score2 的地址 =", id(score2))
    print("score3 的地址 =", id(score3))


main()
```

　　运行结果：

```
score1 的地址 =140730125348115
score2 的地址 =140730125348115
score3 的地址 =140730125348115
```

　　（3）由于 Python 按值分配存在空间，因此当变量的赋值发生变化时，变量对应的地址空间也发生变化。

　　【实例 2-3】

```
# 程序名称：PDA2103.py
# 程序功能：展示变量对应地址随值变化
def main():
    score =85
    print("score 的地址 =", id(score))
    score=90
    print("score 的地址 =", id(score))
```

```
score=score+5
print("score 的地址 =", id(score))
```

main()

运行结果：

score 的地址 =1637447312
score 的地址 =1637447472
score 的地址 =1637447632

变量地址变化如图 2-6 所示。

（4）由于变量指向值所在的存取空间，因此变量的类型可以变化。换言之，变量的类型依值而变。

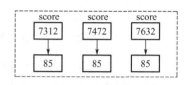

图 2-6　赋值语句

【实例 2-4】

程序名称：PDA2104.py
程序功能：展示变量的类型改变
```
score =85
print(type(score))
score=" 良好 "
print(type(score))
```

运行结果：

<class 'int'>
<class 'str'>

注意：type() 返回变量的类型，后面还会专门介绍。

（5）Python 允许按如下方式赋值。

```
score, area, name =95, 86.76, " 吴二 "
```

以上语句将 95、86.76、" 吴二 " 分别赋给 score、area、name。

2. 变量删除

Python 中一切都是对象，变量是对象的引用。通过 del 命令可以删除变量，即解除对数据对象的引用。del 语句作用在变量上，而不是数据对象上。例如：

```
a=1      # 对象 1 被变量 a 引用，对象 1 的引用计数器为 1
b=a      # 对象 1 被变量 b 引用，对象 1 的引用计数器加 1
c=a      # 对象 1 被变量 c 引用，对象 1 的引用计数器加 1
del a     # 删除变量 a，解除 a 对 1 的引用
del b     # 删除变量 b，解除 b 对 1 的引用
print(c)     # 最终变量 c 仍然引用 1
```

del 删除的是变量，而不是数据，如图 2-7 所示。

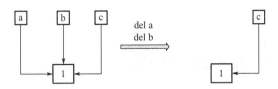

图 2-7　执行 del a 和 del b 的前后对比图

2.2.2　数据类型概况

Python 数据类型可分为 Number（数值）型、str（字符串）型、tuple（元组）型、list（列表）型、set（集合）型和 dictionary（字典）型。其中 Number 又可分为 int（整数）、bool（布尔）型、float（实数）型和 complex（复数）型。Number（数值）型、str（字符串）型、tuple（元组）型为不可变数据类型，不可变数据类型的元素不能更改，更改意味着新建一个数据。list（列表）型、set（集合）型、dictionary（字典）型为可变数据类型，这种类型数据元素可根据需要修改，如表 2-3 所示。

表 2-3　Python 数据类型

数据类型	不可变类型	Number（数值）型	int（整数）型
			bool（布尔）型
			float（实数）型
			complex（复数）型
		str（字符串）型	
		tuple（元组）型	
	可变类型	list（列表）型	
		set（集合）型	
		dictionary（字典）型	

1. int（整数）型

整数型常量举例：123、6000（十进制）、0b11（二进制）、0o77（八进制）和 0x3ABC（十六进制）。

- 十进制整数：如 12、−46 和 0。
- 二进制整数：以 0b 或 0B 开头，如 0b11 表示十进制数 3。
- 八进制整数：以 0o 或 0O 开头，如 0o123 表示十进制数 83，−0o11 表示十进制数 −9。
- 十六进制整数：以 0x 或 0X 开头，如 0x123 表示十进制数 291，−0X12 表示十进制数 −18。

整数型变量的定义：通过赋值定义变量，如下所示。

```
>>>x=1      # 定义整数型变量 x
```

```
>>>print(type(x))      #结果为 <class 'int'>
```

2. bool（布尔）型

常量：如 True 和 False。

变量的定义：通过赋值定义变量，如下所示。

```
>>>x=True       #定义布尔型变量 x
>>>print(type(x))       #结果为 <class 'bool'>
```

注意：True 和 False 中 T 和 F 要大写，其他小写。True 和 False 为关键字，它们的值分别为 1 和 0，可以和数字相加。

3. float（实数）型

实数型常量通常采用十进制数形式和科学记数法形式两种表示方式。

- 十进制数形式：由数字和小数点组成，且必须有小数点，如 0.123、1.23 和 123.0。
- 科学记数法形式：如 123e3 或 123E3，其中 e 或 E 之前必须有数字，且 e 或 E 后面的指数必须为整数。

实数型变量的定义：通过赋值定义变量，如下所示。

```
>>>x=1.0       #定义实数型变量 x
>>>print(type(x))       #结果为 <class 'float'>
```

注意：

只要内存允许，Python 可支持任意大的数。

【实例 2-5】

```
# 程序名称：PDA2201.py
# 程序功能：展示任意大的数
#!/usr/bin/python
# -*- coding: UTF-8 -*-
x =999**100
print(type(x))
print(x)
y=999.9**100
print(type(y))
print(y)
```

运行结果：

```
<class 'int'>
9047921471137090420322146062399503478004884163334699292762046385727864865929
9676876514422937530754221634708275437759103587724836326644009455603811669774213
6793071907002549328793464668149264840395975457543154148782408936647820836242580
```

6884425205853497846463239410463810703487931177116401063304949900001

`<class 'float'>`

9.900493386913685e+299

说明：

x 为 int 型，y 为 float 型，x 和 y 都是足够大的数。

4. complex（复数）型

复数型常量举例：3+4j、5+6J。

复数型变量的定义为：通过赋值定义变量，如下所示。

```
>>>x=3+4j        # 定义复数型变量 x
>>>print(type(x))        # 结果为 <class 'complex'>
```

5. str（字符串）型

字符串是由数字、字母、下画线组成的一串字符的有序序列。

字符串一般记为 s= "$a_1a_2\cdots a_n$"(n≥ 0) 或 s= '$a_1a_2\cdots a_n$'(n≥ 0)。

从上可知，字符串可由单引号 ' 或双引号 " 括起来。n 为字符串的长度，n=0 时为空串，n=1 时为单字符串。Python 没有字符类型，可由单字符串替代。

Python 还使用转义字符常量，如 '\n' 为换行转义字符常量。表 2-4 列出了常见的转义字符常量。

表 2-4　常见的转义字符常量

转义字符	含　义
\b	backspace（BS，退格）
\t	horizontal tab（HT Tab 键）
\n	linefeed（LF，换行）
\f	form feed（FF，换页）
\r	carriage return（CR，回车）
\"	"（double quote，双引号）
\'	'（single quote，单引号）
\\	\（backslash，反斜杠）
\（在行尾时）	续行符

变量的定义：通过赋值定义字符串变量，如下所示。

```
>>>s=' 你好！ Python'
```

有关字符串的使用，后面章节将详细介绍。

6. tuple（元组）型

元组是若干元素构成的序列，由小括号 () 标识。元组中元素类型可以不相同，可以是数值型、字符串型、列表型、元组型、集合型、字典型等。

例如，元组 (1, 2, 'first', 'second') 中元素包括整数型和字符串型。

又如，表 (1 , 'first', ['first', 'second']) 中元素包括整数型、字符串型和列表型。

元组型变量的定义：通过赋值定义变量，如下所示。

>>>tup1=()　　　#空元组

>>>tup2=(1,)　　　#一个元素，注意需要在元素后添加逗号

>>>tup3=(' 优秀 ', ' 合格 ', ' 不合格 ')　　　#三个元素

>>>print(type(tup3))　　　#结果为 <class 'tuple'>

有关元组的使用，后面章节将详细介绍。

7. list（列表）型

列表是若干元素构成的有序序列，由中括号 [] 标识。与元组类似，列表中元素类型也可以不相同，不同之处在于元组的元素不能修改。

例如：列表 [1, 2, 'first', 'second'] 中元素包括整数型和字符串型；列表 [1 , 'first', ['first', 'second']] 中元素包括整数型、字符串型和列表型；列表 [1, 'first', ['first', 'second'], (' 冠军 ', ' 亚军 '), {1, 2, 3}] 中包括数值型、字符串型、列表型、元组型、集合型。

列表型变量的定义：通过赋值定义变量，如下所示。

>>>list1=()　　　#空列表

>>>list2=[1, 2, 3]　　　#定义列表型变量 x

>>>print(type(list2))　　　#结果为 <class ' list ' >

有关列表的使用，后面章节将详细介绍。

8. set（集合）型

集合是由若干元素构成的无序序列，由大括号 {} 标识。集合中的元素类型可以多样化，可以为数值型、字符串型和元组型，但不能为列表型、集合型和字典型。

如，集合 {1 , 'first', (' 冠军 ', ' 亚军 ')} 中的元素包括数值型、字符串型和元组型。

集合型变量的定义：通过赋值定义变量，如下所示。

>>>set1={1 , 'first', (' 冠军 ', ' 亚军 ')}　　　#定义由多个元素构成的集合

>>>print(type(set1))　　　#结果为 <class 'set'>

有关集合的使用，后面章节将详细介绍。

9. dictionary（字典）型

字典是一个无序的键（key）- 值（value）对的集合，由大括号 { } 标识。字典元素是通过键（key）来存取的，而不是通过索引存取。键（key）必须使用不可变类型，一个字典中键（key）类型可以不同，但键的值不能相同。值（value）的类型可以是任何数据类型，一个字典中值（value）类型可以不同。

字典型变量的定义：通过赋值定义变量，如下所示。

注意：

set1= { } 是创建一个空字典，而不是空集合，空集合创建需要函数 set()。

>>>dict1={}　　　#创建空字典

```
>>>print(type(dict1))        # 结果为 <class 'dict'>
>>>dict2={1:' 优秀 ', 2:' 良好 ', 3:' 及格 ', 0:' 不及格 '}
>>>print(type(dict2))        # 结果为 <class 'dict'>
```

有关字典的使用，后面章节将详细介绍。

【实例 2-6】

```python
# 程序名称：PDA2202.py
# 程序功能：测试元组、列表、集合和字典的定义
#!/usr/bin/python
# -*- coding: UTF-8 -*-


def testTuple():
    print("Tuple.........................")
    tup1=(1, 2, 'first', 'second')
    print(type(tup1))
    print(tup1)
    tup2=(1 , 'first', ['first', 'second'], (' 冠军 ', ' 亚军 '), {1, 2, 3}, {1:' 优秀 ', 2:' 良好 ', 3:' 及格 ', 0:' 不及格 '})
    print(type(tup2))
    print(tup2)


def testList():
    print("List.........................")
    list1 =[1, 2, 'first', 'second']
    print(type(list1))
    print(list1)
    list2 =[1 , 'first', ['first', 'second'], (' 冠军 ', ' 亚军 '), {1, 2, 3}, {1:' 优秀 ', 2:' 良好 ', 3:' 及格 ', 0:' 不及格 '}]
    print(type(list2))
    print(list2)


def testSet():
    print("Set.........................")
    #set1={1 , 'first', ['first1', 'second'], (' 冠军 ', ' 亚军 '), {1, 2, 3}, {1:' 优秀 ', 2:' 良好 ', 3:' 及格 ', 0:' 不及格 '}}
    set1={1 , 'first', (' 冠军 ', ' 亚军 ')}
    print(type(set1))
    print(set1)
    set2={}
```

```
        print(type(set2))
        print(set2)

    def testDict():
        print("Dictionary.......................................")
        dict1={1: '优秀', 2:'良好', 3:'及格', 0:'不及格'}
        print (dict1[1])      # 输出键为 1 的值
        print (dict1[2])      # 输出键为 2 的值
        print (dict1)      # 输出完整的字典
        print (dict1.keys())      # 输出所有键
        print (dict1.values())      # 输出所有值
        print(type(dict1))

        dict2={1:111, 'str':"字 符 串", 3:[1, 2, 3], 4:(4, 5, 6), 5:{7, 8, 9}, 6:{1: '优 秀', 2:'良好', 3:'及格', 0:'不及格'}}
        print (dict2[1])      # 输出键为 1 的值
        print (dict2['str'])      # 输出键为 2 的值
        print (dict2)      # 输出完整的字典
        print (dict2.keys())      # 输出所有键
        print (dict2.values())      # 输出所有值
        print(type(dict2))

    def main():
        testTuple()
        testList()
        testSet()
        testDict()

    main()
```

运行后输出结果为：

```
Tuple.......................................
<class 'tuple'>
(1, 2, 'first', 'second')
<class 'tuple'>
(1, 'first', ['first', 'second'], ('冠军', '亚军'), {1, 2, 3}, {1: '优秀', 2: '良好', 3: '及格', 0: '不及格'})
List.......................................
<class 'list'>
```

[1, 2, 'first', 'second']

<class 'list'>

[1, 'first', ['first', 'second'], (' 冠军 ', ' 亚军 '), {1, 2, 3}, {1: ' 优秀 ', 2: ' 良好 ', 3: ' 及格 ', 0: ' 不及格 '}]

Set...

<class 'set'>

{1, 'first', (' 冠军 ', ' 亚军 ')}

<class 'dict'>

{}

Dictionary...

优秀

良好

{1: ' 优秀 ', 2: ' 良好 ', 3: ' 及格 ', 0: ' 不及格 '}

dict_keys([1, 2, 3, 0])

dict_values([' 优秀 ', ' 良好 ', ' 及格 ', ' 不及格 '])

<class 'dict'>

111

字符串

{1: 111, 'str': ' 字符串 ', 3: [1, 2, 3], 4: (4, 5, 6), 5: {8, 9, 7}, 6: {1: ' 优秀 ', 2: ' 良好 ', 3: ' 及格 ', 0: ' 不及格 '}}

dict_keys([1, 'str', 3, 4, 5, 6])

dict_values([111, ' 字符串 ', [1, 2, 3], (4, 5, 6), {8, 9, 7}, {1: ' 优秀 ', 2: ' 良好 ', 3: ' 及格 ', 0: ' 不及格 '}])

<class 'dict'>

2.2.3　可变类型和不可变类型的内存分配区别

在 Python 中，可变类型和不可变类型在内存分配上具有以下特点。

1. 不可变类型的内存分配特点

对不可变类型数据，同一值赋值给不同变量，这些变量对应的 id 值相同。当给变量的赋值发生变化时，该变量对应的 id 值也会变化。

【实例 2-7】

```
# 程序名称：PDA2203.py
# 程序功能：不可变类型的内存分配特点
def main():
    print(" 赋值变化前……")
    a1=2
    a2=2
    print("id(a1)=", id(a1))
```

```
    print("id(a2)=", id(a2))

    c1=3+2j
    c2=3+2j
    print("id(c1)=", id(c1))
    print("id(c2)=", id(c2))

    s1='Good'
    s2='Good'
    print("id(s1)=", id(s1))
    print("id(s2)=", id(s2))


    tup1=(1, 2, 3, 4)
    tup2=(1, 2, 3, 4)
    print("id(tup1)=", id(tup1))
    print("id(tup2)=", id(tup2))

    print(" 赋值变化后……")
    a1=3
    a2=3
    print("id(a1)=", id(a1))
    print("id(a2)=", id(a2))

    c1=3+4j
    c2=3+4j
    print("id(c1)=", id(c1))
    print("id(c2)=", id(c2))

main()
```

运行后输出结果为：

赋值变化前……
id(a1)=140703763554992
id(a2)=140703763554992
id(c1)=2118875893584
id(c2)=2118875893584
id(s1)=2118877508080
id(s2)=2118877508080

id(tup1)=2118876119832

id(tup2)=2118876119832

赋值变化后……

id(a1)=140703763555024

id(a2)=140703763555024

id(c1)=2118875890960

id(c2)=2118875890960

说明：

（1）这里的数据类型为不可变数据类型，如数值型、字符串型、元组型。

（2）变量 a1 和 a2 被赋予相同值 2，故它们的 id 值相同。同样，当变量 a1 和 a2 被赋予相同值 3 后，它们的 id 值也相同，但此时的 id 值与被赋予值 2 时的 id 值不一样。

（3）变量 c1 和 c2、变量 s1 和 s2、变量 tup1 和 tup2 的情况也类似。

2. 可变类型的内存分配特点

对可变类型数据，同一值赋值给不同变量，这些变量对应的 id 值不相同。同一值赋值多次给同一变量，该变量对应的 id 值不相同。

【实例 2-8】

```python
# 程序名称：PDA2204.py
# 程序功能：可变类型的内存分配特点
def main():
    # 多次赋值给同一变量
    list1=[1, 2, 3]
    print("id(list1)=", id(list1))
    list1=[1, 2, 3]
    print("id(list1)=", id(list1))
    list1=[1, 2, 3]
    print("id(list1)=", id(list1))

    # 赋值给不同变量
    list1=[1, 2, 3]
    list2=[1, 2, 3]
    print("id(list1)=", id(list1))
    print("id(list1[0])=", id(list1[0]))
    print("id(list1[1])=", id(list1[1]))
    print("id(list1[2])=", id(list1[2]))
    print("id(list2)=", id(list2))
    print("id(list2[0])=", id(list2[0]))
    print("id(list2[1])=", id(list2[1]))
    print("id(list2[2])=", id(list2[2]))
```

main()

运行后输出结果为：

id(list1)=3011994411656
id(list1)=3011994411720
id(list1)=3011994411656

id(list1)=2218990188296
id(list1[0])=140703774499472
id(list1[1])=140703774499504
id(list1[2])=140703774499536
id(list2)=2218988954248
id(list2[0])=140703774499472
id(list2[1])=140703774499504
id(list2[2])=140703774499536

说明：

（1）这里的数据类型为可变数据类型，如列表型等。

（2）相同内容 [1, 2, 3] 多次赋给 list1，但对应 id 值不相同。

（3）list1[0] 和 list2[0] 存储的是数值 1 的存储地址，因此对应 id 相同，i=0, 1, 2。

2.2.4　数据类型转换

数据类型转换就是从一种数据类型转换成另外一种数据类型。例如，数值型 123 转换成字符串 '123'。在 Python 中，可利用一系列内置函数实现这些类型转换。

例如：

```
>>>chr(123)        # 数值型 123 转换成字符串 '123'
>>>tuple([1, 2, 3])     # 将列表 [1, 2, 3] 转换成元组 (1, 2, 3)
```

常见类型转换函数如表 2-5 所示。

表 2-5　常见类型转换函数

函　　数	功能描述
int(x [, base])	将 x 转换为一个整数
float(x)	将 x 转换为一个浮点数
complex(real [, imag])	创建一个复数
str(x)	将对象 x 转换为字符串
repr(x)	将对象 x 转换为表达式字符串
eval(str)	用来计算在字符串中的有效 Python 表达式，并返回一个对象

续表

函　　数	功能描述
tuple(s)	将序列 s 转换为一个元组
list(s)	将序列 s 转换为一个列表
set(s)	转换为可变集合
dict(d)	创建一个字典。d 必须是一个序列 (key, value) 元组。
frozenset(s)	转换为不可变集合
chr(x)	将一个整数转换为一个字符
ord(x)	将一个字符转换为它的整数值
hex(x)	将一个整数转换为一个十六进制字符串
oct(x)	将一个整数转换为一个八进制字符串

2.3 运算符和表达式

2.3.1 算术运算符和算术表达式

Python 算术运算符主要包括二元运算符，如 +、−、*、/、%、** 和 //，详见表 2-6 所示。表中 a=15，b=35。

表 2-6 Python 算术运算符

算术运算符	描　　述	实　　例
+	两个对象相加	a + b 输出结果 50
−	得到负数或一个数减去另一个数	a − b 输出结果 −20
*	两个数相乘或返回一个被重复若干次的字符串	a * b 输出结果 525 "Hello"*2 结果为 HelloHello
/	x 除以 y	b / a 输出结果 2.33
%	返回除法的余数	b % a 输出结果 5
**	返回 x 的 y 次幂	b**a 为 35 的 15 次方，输出结果 144884079282928466796875
//	返回商的整数部分（向下取整）	>>>b//a　　# 结果为 2 >>>−b//a　　# 结果为 −3

注意：

（1）+ 运算符除了用于算术加法以外，还可以用于列表、元组、字符串的连接，但不支持不同类型的对象之间相加或连接。

```
>>> [1, 2, 3] + ['a', 'b', 'c']    #连接两个列表
[1, 2, 3, 'a', 'b', 'c']
>>> (1, 2, 3) + (4, )    # 连接两个元组
(1, 2, 3, 4)
>>> 'Python' + '3.6.5'    # 连接两个字符串
```

'Python3.6.5'

>>> [1, 2, 3] + (4,)　　# 不支持列表与元组相加，抛出异常

TypeError: can only concatenate list (not "tuple") to list

（2）*运算符除了用于算术乘法外，还可用于列表、元组或字符串 3 种有序序列与整数相乘，表示将序列复制整数倍，生成新的序列对象。由于字典和集合中的元素不允许重复，因此它们不支持与整数的相乘。

>>> ['a', 'b', 'c'] * 3

['a', 'b', 'c', 'a', 'b', 'c', 'a', 'b', 'c']

>>> (1, 2, 3) * 3

(1, 2, 3, 1, 2, 3, 1, 2, 3)

>>> 'abc' * 5

'abcabcabcabcabc'

2.3.2　关系运算符与关系表达式

Python 关系运算符用来比较两个值的关系，关系运算符的运算结果是 bool 型数据，当运算符对应的关系成立时，运算结果是 True，否则是 False。表 2-7 列出了 Python 关系运算符。

表 2-7　Python 关系运算符

关系运算符	表 达 式	返回 True 的情况
>	op1 > op2	op1 大于 op2
> =	op1 > =op2	op1 大于或等于 op2
<	op1 < op2	op1 小于 op2
< =	op1 < =op2	op1 小于或等于 op2
==	op1==op2	op1 与 op2 相等
!=	op1!=op2	op1 与 op2 不等

说明：

（1）Python 关系运算符可以连用。多个关系运算符连用时，具有惰性求值或者逻辑短路的特点，即在从左向右运算中，一旦有部分结果为 False，则终止后面计算，最终结果为 False。

>>> 2 < 6 < 8　　# 等价于 2 < 6 and 6 < 8

True

>>> 2 < 8 > 6　　# 等价于 2 < 8 and 8 > 6

True

>>> 2 > 6 < 8　　# 等价于 2 > 6 and 6 < 8

False

（2）实数型数据之间比较是否相等时，不宜使用 "x==y"，而应使用两个数之差的绝对

值小于一个很小的数的形式判断，如 abs(x-y)<=0.000001 等。这里 abs() 为绝对值函数。

2.3.3　逻辑运算符与逻辑表达式

表 2-8 列出了 Python 逻辑运算符。

表 2-8　Python 逻辑运算符

逻辑运算符	逻辑表达式	描　　述
and	x and y	布尔"与"：如果 x 为 False，x and y 返回 False，否则它返回 y 的计算值
or	x or y	布尔"或"：如果 x 是非 0，它返回 x 的值，否则它返回 y 的计算值
not	not x	布尔"非"：如果 x 为 True，返回 False。如果 x 为 False，它返回 True

说明：

Python 逻辑运算符具有惰性求值或者逻辑短路的特点，即对 and 运算，如果左边操作元为 False，则运算终止，即不计算右边操作元，最终该 and 运算为 False；对 or 运算，如果左边操作元为 True，则运算终止，即不计算右边操作元，最终该 or 运算为 True。

```
>>> 6 < 2   and   8
False
>>>2 < 6   or   8
True
>>>2 < 6   and   8
8
>>> 6   or   2>8
6
```

2.3.4　赋值运算符与赋值表达式

1. 赋值运算符

赋值运算符"="是双目运算符，左边的操作元必须是变量，右边的操作元可以是常量，也可以是变量，还可以是常量和变量构成的表达式。

使用格式如下。

$$变量 = 表达式$$

其作用是将一个表达式的值赋给一个变量，如下所示。

a=10 就是将常量 10 赋值给变量 a。

a=x 就是将变量 x 的值赋值给变量 a。

a=x+10 就是将表达式 x+10 的结果赋值给变量 a。

2. 复合赋值运算符

复合赋值运算符是在赋值运算符之前加上其他运算符的运算符。常见的复合赋值运算符有 +=、−=、*=、/= 及 %= 等，如下所示。

x+=1 等价于 x=x+1。

x*=y+z 等价于 x=x*(y+z)。

x/=y+z 等价于 x=x/(y+z)。

x%=y+z 等价于 x=x%(y+z)。

x**=y 等价于 x=x**y。

x//=y 等价于 x=x//y。

3. 赋值表达式

赋值表达式的一般形式如下。

＜变量＞＜赋值运算符＞＜表达式＞

上式中的＜表达式＞可以是一个赋值表达式。例如，x=(y=8) 括号内的表达式是一个赋值表达式，它的值是 8。整个式子相当于 x=8，结果整个赋值表达式的值是 8。又如，a=b=c=5 可使用一个赋值语句对变量 a、b、c 都赋值为 5。这是因为 "="运算符产生右边表达式的值，因此 c=5 的值是 5，然后该值被赋给 b，并依次再赋给 a。这种赋值方法是给一组变量赋同一个值的简单办法。

2.3.5　位运算符

Python 位运算符主要面对基本数据类型，包括 byte、short、int、long 和 char。位运算符包括位与（&）、位或（|）、位非（～）、位异或（^）、左移（<<）及右移（>>）。

表 2-9 列出了 Python 位运算符。

表 2-9　Python 位运算符

位运算符	表 达 式	描　　　述
&	op1 & op2	二元运算，按位与，参与运算的两个操作元，如果两个相应位都为 1（或 True），则该位的结果为 1（或 True），否则为 0（或 False）
|	op1 | op2	二元运算，按位或，参与运算的两个操作元，如果两个相应位有一个为 1（或 True），则该位的结果为 1（或 True），否则为 0（或 False）
^	op1 ^ op2	二元运算，按位异或，参与运算的两个操作元，如果两个相应位的值相反，则该位的结果为 1（或 True），否则为 0（或 False）
～	～ op1	一元运算，对数据的每个二进制位按位取反
<<	op1 << op2	二元运算，操作元 op1 按位左移 op2 位，每左移一位，其数值加倍
>>	op1 >> op2	二元运算，操作元 op1 按位右移 op2 位，每右移一位，其数值减半

有关左（右）移位运算符 <<（>>）的说明如下。

- 操作元必须是整型类型的数据。
- 左边的操作元称作被移位数，右边的操作元称作移位量。

假设 a 是一个被移位的整型数据，n 是移位量。a<<n 运算的结果是将 a 的所有位都左移 n 位，每左移一位，左边的高阶位上的 0 或 1 被移出丢弃，并用 0 填充右边的低位。

2.3.6　成员运算符

成员运算符用于测试元素对象是不是字符串、列表、元组、集合或字典的成员。

表 2-10 列出了 Python 成员运算符。

表 2-10　Python 成员运算符

成员运算符	描　　述	实　　例
in	如果在指定的序列中找到值，返回 True，否则返回 False	x=1 y=(1, 2, 3, 4) x in y 返回 True
not in	如果在指定的序列中没有找到值，返回 True，否则返回 False	x=5 y=(1, 2, 3, 4) x not in y 返回 True

2.3.7　身份运算符

身份运算符用于比较两个对象的存储单元。

表 2-11 列出了 Python 身份运算符。

表 2-11　Python 身份运算符

身份运算符	描　　述	实　　例
is	is 判断两个标识符是不是引用自一个对象。x is y，类似 id(x)==id(y)，如果引用的是同一个对象，则返回 True，否则返回 False	x=y=2 x is y 返回 True
is not	is not 判断两个标识符是不是引用自不同对象。x is not y，类似 id(x) !=id(y)。如果引用的不是同一个对象，则返回 True，否则返回 False	x=2 y=3 x is not y 返回 True

2.3.8　运算符优先级

Python 的一般表达式就是用运算符及操作元连接起来的符合 Python 规则的式子，简称表达式。一个 Python 表达式必须能求值，即按照运算符的计算法则，可以计算出表达式的值。

优先级决定了同一表达式中多个运算符被执行的先后次序，如乘除运算优先于加减运算，同一级里的运算符具有相同的优先级。运算符的结合性则决定了相同优先级的运算符的执行顺序。Python 语言中的大部分运算符也是从左向右结合的，只有单目运算符、赋值运算符和三目运算符例外，它们是从右向左结合的，也就是说，它们是从右向左运算的。乘法和加法是两个可结合的运算符，也就是说，这两个运算符左右两边的操作数可以互换位置而不会影响结果。

表 2-12 列出了 Python 语言各运算符的优先级。

表 2-12　运算符优先级

运　算　符	描　　述	优　先　级
()、[]	括号	1
x.attrbute	属性访问	2
**	指数	3
~	按位取反	4

运　算　符	描　　　述	优　先　级
+，-	符号运算符	5
*，/，%，//	乘，除，取模，取整除	6
+，-	加法，减法	7
>>，<<	右移运算符，左移运算符	8
&	按位与	9
^	按位异或	10
|	按位或	11
==，!=，<=，<，>，>=	比较运算符	12
=，%=，/=，//=，-=，+=，*=，**=	赋值运算符	13
is，is not	身份运算符	14
in，not in	成员运算符	15
not	逻辑非	16
and	逻辑与	17
or	逻辑或	18
lambda	lambda 表达式	19

注：

（1）表中运算符对应的优先级数值越低表示优先级越高。在同一个表达式中，运算符优先级高的先执行。

（2）注意区分正负号和加减号，以及按位与和逻辑与的区别。

（3）在实际的开发中，不需要去记忆运算符的优先级，也不要刻意使用运算符的优先级，对于不清楚优先级的地方使用小括号进行替代。

从表 2-12 可知，括号优先级最高。不论在什么时候，当一时无法确定某种计算的执行次序时，可以使用加括号的方法来明确指定运算的顺序。不要过多地依赖运算符的优先级来控制表达式的执行顺序，这样可读性太差，应尽量使用 "()" 来控制表达式的执行顺序。这样不容易出错，同时也是提高程序可读性的一个重要方法。

接下来举例说明。

```
>>>x=1
>>>y=2
>>>z=3
>>>print(y>x or x>z and y>z)
```

对表达式 y>x or x>z and y>z 而言，由于比较运算符的优先级高于逻辑运算符的优先级，因此首先依次计算 y>x、x>z 和 y>z，结果分别为 True、False 和 False；其次，对逻辑运算符 and 和 or 来说，and 优先级高，因此先计算 False and False，结果为 False，然后计算 True or False，显然，最终结果为 True。

一些初学者由于对运算符优先级掌握得不是很好，往往认为结果应该是 False，即认为先进行 or 运算，True or False 的结果为 True，然后进行 and 运算，这样最终结果为 False。

因此，这样的表达式对初学者来说，可读性差，难理解，建议加上括号。例如，将上述表达式修改成 (y>x) or ((x>z) and (y>z))，这样就很容易理解。

2.4 条件控制与循环语句

2.4.1 条件控制语句

1. if-else 语句

if-else 语句格式如下所示。

if 表达式 :
　　语句块 1
else:
　　语句块 2

图 2-8 给出了 if-else 语句执行过程。

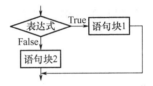

图 2-8　if-else 语句执行过程示意图

提示：
Python 中表达式不为零或 '' (空串) 或 None 时都为真。

2. 多条件 if-elif-else 语句

多条件 if–elif–else 语句格式如下所示。

if 表达式 1：
　　语句块 1
elif 表达式 2：
　　语句块 2
……
elif 表达式 n：
　　语句块 n
else：
　　语句块 n+1

图 2-9 给出了多条件 if-elif-else 语句执行过程。

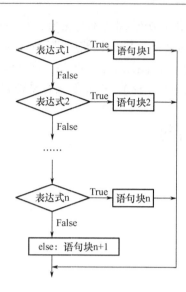

图 2-9　多条件 if-elif-else 语句执行过程示意图

【实例 2-9】

如果一个学生的分数在区间 [90，100]，则显示优秀；在区间 [80，89]，则显示良好；在区间 [70，79]，则显示中等；在区间 [60，69]，则显示及格；否则显示不及格。示例代码如下所示。

```
# 程序名称：PDA2402.py
# 功能：演示 if-elif-else 的使用
#!/usr/bin/python
# -*- coding: UTF-8 -*-
def main():
    score=int(input(" 输入分数："))
    if  90<=score <=100:
            str1=" 优秀 "
    elif 80<=score<=89:
            str1=" 良好 "
    elif 70<=score<=79:
            str1=" 中等 "
    elif 60<=score<=69:
            str1=" 及格 "
    else:
            str1=" 不及格 "
    print(" 成绩为 ", str1)


main()
```

2.4.2　循环语句

1. while 循环

while 循环用于当条件满足（表达式为真）时，执行特定语句块。while 循环的一般格式如下。

```
while 表达式:
    语句块 while
```

或

```
while 表达式:
    语句块 while
else:
    语句块 else
```

当表达式为 True 时，执行 while 的"语句块 while"；否则，如果包含 else 语句时，执行 else 的"语句块 else"。如图 2-10 所示。

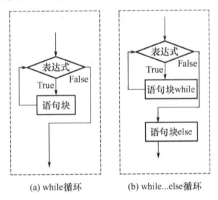

(a) while循环　　(b) while...else循环

图 2-10　While 循环示意图

2. for 循环

for 循环用于遍历某一序列中的每个元素，即从第一个元素开始依次访问该序列对象中的每个元素。

for 循环的一般格式如下。

```
for 变量 in 序列:
    语句块 for
```

或

```
for 变量 in 序列:
    语句块 for
else:
    语句块 else
```

当序列未穷尽时，执行 for 的"语句块 for"；否则，如果包含 else 语句时，则执行 else 的"语句块 else"。如图 2-11 所示。

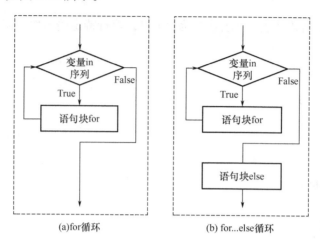

(a)for循环　　　　　　　　　(b) for...else循环

图 2-11　for 循环示意图

说明：

range() 函数可以生成数列，因此可以和 for 循环配套使用。range() 函数的格式为：

range(start, end[, step])

其作用为生成一个初始值为 start、截止值为 end、步长为 step 的数列，step 省略时步长默认为 1。生成的数列不包括 end。

```
>>>for i in range(5, 9) :
    print(i, end="")
```

输出结果为：

```
5 6 7 8
>>>
```

【实例 2-10】

利用 for 循环编写一个程序实现以下功能：求 1 至 n 之间能被 m 整除的整数的和。

```
# 程序名称：PDA2403.py
# 功能：演示 for 循环应用
#!/usr/bin/python
# -*- coding: UTF-8 -*-
def main():
    n=20
    m=5
    sum=0
    for  i in range(0, n+1):
        if (i%m==0):
```

```
        sum=sum+i
    print("sum=", sum)

main()
```

【实例 2-11】
利用 while 循环编写一个程序实现以下功能：求 1 至 n 之间能被 m 整除的整数的和。

```
# 程序名称：PDA2404.py
# 功能：演示 while 循环应用
#!/usr/bin/python
# -*- coding: UTF-8 -*-
def main():
    n=20
    m=5
    sum=0
    i=1
    while  i <=n:
        if (i%m==0):
            sum=sum+i
        i=i+1
    print("sum=", sum)

main()
```

2.4.3　跳转语句

跳转语句包括 break 语句、continue 语句。

1. break 语句

在 Python 语言中，break 语句的作用如下：跳出当前循环，并从紧跟该循环的第一条语句处执行。

【实例 2-12】
break 语句的使用演示。

```
# 程序名称：PDA2405.py
# 功能：演示 break 应用
#!/usr/bin/python
# -*- coding: UTF-8 -*-
def main():
    n=50
    i=1
```

```
    while  i <=n:
        if (i%5==0):
            break
        print(i, " 不能被 5 整除！！ ")
        i=i+1


main()
```

运行后输出结果为：

1 不能被 5 整除！！
2 不能被 5 整除！！
3 不能被 5 整除！！
4 不能被 5 整除！！

说明：

- 此程序的功能为判断 1 ～ n 之间的数是否能被 5 整除，如果能则终止，否则输出该数。
- 由于当 i=5 时能被 5 整除，此时 if 语句的条件表达式为 True，执行 break 语句，跳出循环。
- 此程序与后续【实例 2-14】中的程序 PDA2407.py 的唯一区别就是使用 break 替换了 continue 语句，但功能迥异。

注意：

执行 break 语句跳出 for 或 while 的循环体时，任何与循环对应的 else 块将不再执行。

【实例 2-13】

```
# 程序名称：PDA2406.py
# 功能：演示 break 对 for 或 while 的 else 语句块的影响
#!/usr/bin/python
# -*- coding: UTF-8 -*-
def main():
    n=10
    i=1
    import random
    while  i <=n:
        num=random.randint(0, 99)
        if (num%5==0):
            break
        print(num, " 不能被 5 整除！！ ")
        i=i+1
    else:
        print(" 循环正常终止 !!!")
```

```
        print(" 程序结束！！！ ")

main()
```

某次运行时结果（记为情况 A）：

84 不能被 5 整除！！
77 不能被 5 整除！！
64 不能被 5 整除！！
53 不能被 5 整除！！
91 不能被 5 整除！！
78 不能被 5 整除！！
程序结束！！！

某次运行时结果（记为情况 B）：

76 不能被 5 整除！！
96 不能被 5 整除！！
93 不能被 5 整除！！
91 不能被 5 整除！！
78 不能被 5 整除！！
77 不能被 5 整除！！
49 不能被 5 整除！！
3 不能被 5 整除！！
59 不能被 5 整除！！
99 不能被 5 整除！！
循环正常终止 !!!
程序结束！！！

说明：

- 此程序的功能为生成一个随机整数，并判断其是否能被 5 整除，如果能则终止，否则输出该数。利用 while 循环控制生成随机整数的次数（n 次）。
- 当 n 次生成的随机整数都不能被 5 整除时，while 循环正常结束，此时执行与 while 对应的 else 语句块，即输出 "循环正常终止 !!!"，如情况 B 所示。
- 当小于 n 的第 i 次生成的随机整数都能被 5 整除时，执行 break 语句，终止 while 循环，此时不执行与 while 对应的 else 语句块，即不输出 "循环正常终止 !!!"，如情况 A 所示。

2. continue 语句

continue 语句用于结束本次循环，跳过循环体中下面尚未执行的语句，接着进行终止条件的判断，以决定是否继续循环。

【实例 2-14】

现将 PDA2405.py 中 break 语句换成 continue 语句，其他语句不变，看看 continue 语句的影响。

```
# 程序名称：PDA2407.py
# 功能：演示 continue 应用
#!/usr/bin/python
# -*- coding: UTF-8 -*-
def main():
    n=50
    i=1
    while  i <=n:
        if (i%5==0):
            continue
        print(i, " 不能被 5 整除！！ ")
        i=i+1


main()
```

运行后输出结果为：

```
1 不能被 5 整除！！
2 不能被 5 整除！！
3 不能被 5 整除！！
4 不能被 5 整除！！
死循环……
```

说明：

● 此程序的功能为判断 1 至 n 之间的数是否能被 5 整除，如果不能则输出该数。如果能被 5 整数，则执行 continue 语句，转向执行条件判断 "i<=n"，而不执行 if 后面的语句，此时 i=i+1 语句未执行。因此 i=5 时，能被 5 整除，由于 i=i+1 未执行，i 始终等于 5，出现死循环。

2.5　综合应用

如果一个学生的分数在区间 [90，100]，则为优秀；在区间 [80，89]，则为良好；在区间 [70，79]，则为中等；在区间 [60，69]，则为及格；否则为不及格。

输入 n 个分数，统计优秀、良好、中等、及格、不及格的人数及比率，统计最高分、最低分和平均分。

```
def  task2():
    n=input(" 输入 n=")        #number
    n9=0        # 记录 [90，100]
    n8=0        # 记录 [80，89]
    n7=0        # 记录 [70，79]
```

```
        n6=0        # 记录 [60，69]
        n0=0        # 记录 [0，59]
        maxScore=0
        minScore=0
        averScore=0
        for i in range(1, n+1):
            x=input(" 输入分数 =")
            score=int(x)
            if score >maxScore:
                maxScore=score
            if score<minScore:
                minScore=score
            averScore=averScore+score
            if score>=90:
                n9=n9+1
            elif score>=80:
                n8=n8+1
            elif score>=70:
                n7=n7+1
            elif score>=60:
                n6=n6+1
            else:
                n0=n0+1

        print(" 最大值 =", max0)
        print(" 最大值 =", maxScore)
        print(" 最小值 =", minScore)
        print(" 平均值 =", averScore/n)
        print(" [90，100] 人数 =", n9, " 比例 =", n9/n)
        print(" [80，89] 人数 =", n8, " 比例 =", n8/n)
        print(" [70，79] 人数 =", n7, " 比例 =", n7/n)
        print(" [60，69] 人数 =", n6, " 比例 =", n6/n)
        print(" [0，59] 人数 =", n0, " 比例 =", n0/n)

def main():
    task2()


main()
```

2.6　本章小结

本章介绍了 Python 语言基础知识，其主要内容包括 Python 注释、Python 关键字、Python 标识符、Python 常量和数据类型、运算符和表达式、Python 语句（分支语句、循环语句、跳转语句）等。

2.7　思考和练习

1. 请说明注释的作用。

2. 判断下列哪些是标识符。

（1）3class　　　　（2）byte　　　　（3）? room

（4）radius　　　　（5）Radius　　　　（6）class

3. 请分别用 if-elif-else 语句实现以下功能。

当输入月份为 1、2、3 时，输出"春季"；为 4、5、6 时，输出"夏季"；为 7、8、9 时，输出"秋季"；为 10、11、12 时，输出"冬季"。

4. 编写输出乘法口诀表的程序。

乘法口诀表的部分内容如下。

$1 \times 1 = 1$

$1 \times 2 = 2$　　$2 \times 2 = 4$

$1 \times 3 = 3$　　$2 \times 3 = 6$　　$3 \times 3 = 9$

$1 \times 4 = 4$　　$2 \times 4 = 8$　　$3 \times 4 = 12$　　$4 \times 4 = 16$

…

5. 请编写程序实现如图 2-12 所示的效果图。

```
                  A
               B     C
            D     E     F
         G     H     I     J
         K     L     M     N
            O     P     Q
               R     S
                  T
```

图 2-12　效果图图示

6. 分别利用 for 语句、while 语句编写一个求阶乘程序（即 n！=$1 \times 2 \times 3 \times \cdots \times n$）。

7. 编写一个利用简单迭代法求解下列方程的 Python 程序。

$$x^3 - 15x + 14 = 0$$

8. 复习 break 和 continue 语句，并调试本章中涉及这两条语句的程序。

第 3 章　函数与模块

本章的学习目标：
- 理解并掌握函数的含义及应用
- 理解并掌握模块的含义及应用

函数是实现特定功能的一组语句。Python 语言调用函数时，参数传递具有独特性，传递参数可分为位置参数、默认参数、关键字参数和可变参数等。函数可以非递归调用，也可递归调用，可定义无名函数，还可将函数应用于序列，以及累积迭代调用函数。模块是一组 Python 代码的集合，主要定义了一些公用函数和变量等。模块可提高代码的可维护性和开发效率，还可以避免函数名和变量名冲突。

3.1　函数

函数是实现特定功能的一组语句。Python 使用函数，不仅可以完成特定功能，而且可以提高代码重用，提高程序开发效率。Python 提供了许多内部函数，用户也可以自定义函数。

3.1.1　函数定义和调用

1. 函数定义格式

Python 定义函数使用 def 关键字，一般格式如下：

def 函数名 (参数列表):
函数体

说明：

（1）def 是定义函数的关键字。

（2）函数名由用户自行定义，函数名最好要有一定意义，即通过名称大致知道该函数要实现什么功能，所谓顾名思义。

（3）参数列表中给出了传递的参数，即形式参数（简称形参）。

（4）参数列表后面的冒号 ":" 必不可少。

（5）函数体中通常包含一条 return 语句，用于返回值。通常 return 语句位于函数体最后。

例如：

def max(x, y):

```
    if x>y :
        return x
else:
        return y
```

说明：

这里定义了一个求两个数较大值的函数 max()，x 和 y 为形参。

2. return 语句

return 语句格式为：

return [表达式]

return [表达式] 用于向调用方返回值。不带参数值的 return 语句返回 None。

3. 函数调用

函数定义好后，就可以在程序的其他地方调用它。调用形式为：

函数名 (参数列表)

说明：

（1）一般将调用时传入的参数称为实际参数（简称实参），实参可以是变量、常数或表达式等。

（2）函数声明时的形参数量和调用函数时传入的实参数量要一致，声明的形参顺序和传入的实参顺序也要一致。在 Python 中，任何类型数据都是对象，变量是没有类型的，仅仅是一个对象的引用（一个指针），可以指向任何类型对象。当形参与实参次序不一致时，尽管不会发生语法错误，但会出现逻辑错误，即得不到预期的结果。

（3）实参变量名称可以和形参变量名称相同，但含义不一样，是不同变量。

【实例 3-1】

```
# 程序名称：PDA3101.py
# 功能：函数定义与使用
#!/usr/bin/python
# -*- coding: UTF-8 -*-
def max(x, y):
    if x>y :
        return x
    else:
        return y

print(max(3, 2))
```

说明：

这里定义了一个求两个数较大值的函数 max()，然后调用 max() 来求 3 和 2 之间的较大数并输出。

图 3-1 给出了函数定义和函数调用涉及的相关概念。

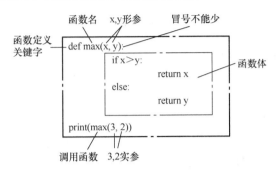

图 3-1   函数定义和函数调用涉及的相关概念

3.1.2   函数参数说明

1. 不可改变类型参数和可改变类型参数

Python 语言的数据类型分为不可改变类型和可改变类型。因此，当变量作为实参时，其类型可能是不可改变类型或可改变类型。

不可改变类型变量作为实参时，当被调用函数执行结束后，形参的值可能发生变化，但是返回后，这些形参的值将不会带到对应的实参。因此，这种传递方式具有数据的单向传递的特点。

而可改变类型变量作为实参时，当被调用函数执行结束后，形参值的变化将带到对应的实参。因此，这种传递方式具有数据的双向传递的特点。

【实例 3-2】

```
# 程序名称：PDA3102.py
# 功能：参数传递的特点
#!/usr/bin/python
# –*– coding: UTF–8 –*–
def print1(str1, x):
    print(str1+"=", end="")
    print(x)
    return 1;

def square(x, str1, list1):
    x=x*x
    str1="abc"
    list1[0]=list1[0]+1
    return x;
```

```
def main():
    x=3
    str1="123"
    list1=[1, 2, 3]
    print(" 调用前 ...........")
    print1("x", x)
    print1("str1", str1)
    print1("list1", list1)

    y=square(x, str1, list1)
    print(" 调用后 ...........")
    print1("y", y)
    print1("x", x)
    print1("str1", str1)
    print1("list1", list1)

main()
```

运行后输出结果为：

```
调用前 ...........
x=3
str1=123
list1=[1, 2, 3]
调用后 ...........
y=9
x=3
str1=123
list1=[2, 2, 3]
```

说明：

（1）这里定义了两个函数 print1() 和 square()。print1() 实现特定格式输出。square() 函数对形参内容进行修改。

（2）输出表明 square() 函数对不可变类型变量（整型变量 x 和字符串型变量 str1）的修改不会反馈到对应的实参，而对可变类型变量（列表变量 list1）的修改会反馈到对应的实参。

2. 位置参数

调用函数时根据函数声明时的参数位置来传递参数。函数声明时的形参数量和调用函数时传入的实参数量一致，且顺序一致。

举例说明如下：

```
# 测试位置参数
def  testPositionParms(stdno, name1):
        print1("stdno", stdno)
        print1("name", name1)
        return


print(" 测试位置参数的应用 ........................")
x=testPositionParms("201701", " 李四 ")
```

说明:

这里实参 "201701" 对应形参 stdno，实参 " 李四 " 对应形参 name1。如果按照如下调用:

```
x=testPositionParms(" 李四 ", "201701")
```

则实参 " 李四 " 对应形参 stdno，实参 "201701" 对应形参 name1。这里实参和形参位置对应关系的变化，尽管不会导致编译时语法错误，但从实际意义上看，显然是错误的。

因此，在应用时，要保持函数的形参和实参的数量的一致性和顺序的一致性。

3. 默认参数

定义函数时，参数列表可以包含默认参数。默认参数的声明语法就是在形参名称后面用运算符" = "给形参赋值。在参数列表中默认参数需要放置在非默认参数后面。默认参数不支持字典、列表等内容可变对象。默认参数可以省略，省略时采用默认值。

给函数设置默认参数时要遵循该参数具有共性和不变属性的规则，在特殊情况下可以用传入的实参代替默认值。例如，同一年级学生的入学年份基本相同，但对留级生而言需要输入不同值。

举例说明如下:

```
# 测试默认参数
def  testDefaultParms(stdno, name1, grade="2017"):
        print1("stdno", stdno)
        print1("name", name1)
        print1("grade", grade)
        return


print(" 测试默认参数的应用 ........................")
x=testDefaultParms("201701", " 李四 ")
x=testDefaultParms("201702", " 吴一 ")
```

说明:

（1）这里 grade 为默认参数，默认值为 "2017"。学号 "201701" 和 "201702" 对应同学都属于 2017 级，即默认班级，因此调用时，可省略。它们均对应形参 stdno。实参 " 李四 " 对应形参 name1。

（2）如果某学生对应的班级不是 "2017"，那么就必须显式地传递班级值。例如：

x=testDefaultParms("201605", " 席二 ", "2016")

以上调用函数 testDefaultParms() 时显式地传递了班级号 "2016"。

4. 关键字参数

关键字参数在函数调用时，通过"键 = 值"的形式加以指定。其可以让函数更加清晰、容易使用，同时也清除了参数的顺序需求。

有位置参数时，位置参数必须在关键字参数的前面，但关键字参数之间不存在先后顺序。

关键字参数需要一个特殊分隔符 *，* 后面的参数被视为关键字参数。如果函数定义中已经有了一个可变参数，后面跟着的命名关键字参数就不再需要一个特殊分隔符 * 了。

举例说明如下：

```
# 测试关键字参数
def testKeyWordParms(stdno, name1, grade="2017", *, city, zipcode):
        #print1("score", score)
        print1("stdno", stdno)
        print1("name", name1)
        print1("grade", grade)
        print1("city", city)
        print1("zipcode", zipcode)
        return


print(" 测试关键字参数的应用 ........................")
x=testKeyWordParms("201701", " 李四 ", "2017", city=" 北京 ", zipcode="100100")
x=testKeyWordParms ("201702", " 吴一 ", "2017", zipcode="432100", city=" 孝感 ")
```

说明：

这里 city 和 zipcode 为关键字参数，调用时通过关键字名称来识别参数之间的传递。

5. 可变参数

定义函数时，参数列表可以包含可变参数。可变参数允许调用函数时传入的参数是可变的，可以是 1 个实参、2 个实参或者多个实参，也可以是 0 个实参。此时，可用包裹（packing）位置参数（简称 *args 参数）或者包裹关键字参数（简称 **kwargs 参数）来进行参数传递，会显得非常方便。

1）包裹位置参数（元组可变参数）

调用函数时传入的相关参数会被 args 变量收集，根据传入参数的位置合并为一个元组（tuple），args 是元组类型。

举例说明如下：

```
# 测试可变参数：包裹位置传递
def testVarParms1(*hobby):
```

```
        print1("hobby", hobby)
        returnprint(" 测试可变参数的应用 .............")
```

```
x=testVarParms1(" 足球 ")
x=testVarParms1(" 篮球 ", " 音乐 ")
x=testVarParms1(" 篮球 ", " 音乐 ", " 看书 ")
```

2）包裹关键字传递（字典可变参数）

调用函数时传入的相关字典数据会被 kwargs 变量收集，根据传入参数的位置合并为一个字典，kwargs 是字典类型。

举例说明如下：

```
# 测试可变参数：包裹关键字传递
def  testVarParms2(**birthplace):
        print1("birthplace", birthplace)
        return
```

```
x=testVarParms2(province=" 湖北 ", city=" 孝感 ", zipcode="432100")
x=testVarParms2(province=" 上海 ", city=" 闵行 ", zipcode="210000")
```

birthplace 是一个字典（dict），收集所有关键字参数。

注意：

当形参为字典可变参数时，函数调用时传入的参数必须是字典数据。

6. 解包裹参数

*args 和 **kwargs 形式也可以在函数调用的时候使用，称之为解包裹（unpacking）。

（1）在传递元组时，让元组的每一个元素对应一个位置参数。

举例说明如下：

```
# 测试解包裹参数：包裹位置传递
def  testUnpackingParms1(basketball, music, reading):
        print1("basketball", basketball)
        print1("music", music)
        print1("reading", reading)
        return
```

```
print(" 测试解包裹参数的应用 .............")
hobby1=(" 篮球 ", " 音乐 ", " 看书 ")
x=testUnpackingParms1(*hobby1)
```

（2）在传递词典字典时，让词典的每个键 – 值对作为一个关键字参数传递给函数。

举例说明如下：

```
# 测试解包裹参数：包裹关键字传递
def testUnpackingParms2(province, city, zipcode):
        print1("province", province)
        print1("city", city)
        print1("zipcode", zipcode)
        return


birthplace1={"province":" 湖北 ", "city":" 孝感 ", "zipcode":"432100"}
x=testUnpackingParms2(**birthplace1)
birthplace2={"province":" 上海 ", "city":" 闵行 ", "zipcode":"210000"}
x=testUnpackingParms2(**birthplace2)
```

7. 参数次序

参数次序的基本原则是：先位置参数，之后依次是默认参数、包裹位置、包裹关键字（定义和调用都应遵循）。

（1）位置参数与默认参数混用时，位置参数在前，默认参数在后。

（2）位置参数与关键字参数混用时，位置参数在前，关键字参数在后。

（3）位置参数、默认参数和关键字参数混用时，位置参数在前，默认参数在中，关键字参数在后，并用 * 与其他参数分开。

（4）位置参数、默认参数、关键字参数与可变参数混用时，从左到右次序为：位置参数、默认参数、关键字参数与可变参数。在这种多参数混用的情况下，调用函数时默认参数的值最好不要省略，同时尽量避免这种混用，若使用不当会出现传递数据出错的问题。

【实例 3-3】

```
# 程序名称：PDA3104.py
# 功能：多种类型参数之二
#!/usr/bin/python
# -*- coding: UTF-8 -*-
def print1(str1, x):
        print(str1+"=", end="")
        print(x)
        return


# 测试位置参数
def testPositionParms(stdno, name1):
        print1("stdno", stdno)
        print1("name", name1)
        return
```

```
# 测试默认参数
def testDefaultParms(stdno, name1, grade="2017"):
        print1("stdno", stdno)
        print1("name", name1)
        print1("grade", grade)
        return

# 测试关键字参数
def testKeyWordParms(stdno, name1, grade="2017", *, city, zipcode):
        #print1("score", score)
        print1("stdno", stdno)
        print1("name", name1)
        print1("grade", grade)
        print1("city", city)
        print1("zipcode", zipcode)
        return

# 测试可变参数：包裹位置传递
def testVarParms1(*hobby):
        print1("hobby", hobby)
        return

# 测试可变参数：包裹关键字传递
def testVarParms2(**birthplace):
        print1("birthplace", birthplace)
        return

# 测试解包裹参数：包裹位置传递
def testUnpackingParms1(basketball, music, reading):
        print1("basketball", basketball)
        print1("music", music)
        print1("reading", reading)
        return

# 测试解包裹参数：包裹关键字传递
def testUnpackingParms2(province, city, zipcode):
        print1("province", province)
        print1("city", city)
```

```
        print1("zipcode", zipcode)
        return


# 测试 *args 参数与位置参数和默认参数的混合应用
def  testMixedParms1(stdno, name1, grade="2017", *hobby):
        #print1("score", score)
        print1("stdno", stdno)
        print1("name", name1)
        print1("grade", grade)
        print1("hobby", hobby)
        return


# 测试 **kwargs 与位置参数和默认参数的混合应用
def  testMixedParms2(stdno, name1, grade="2017", **birthplace):
        #print1("score", score)
        print1("stdno", stdno)
        print1("name", name1)
        print1("grade", grade)
        print1("birthplace", birthplace)
        return


# 测试参数的复合应用
def  testMixedParms3(stdno, name1, grade="2017", *hobby, **birthplace):
        #print1("score", score)
        print1("stdno", stdno)
        print1("name", name1)
        print1("grade", grade)
        print1("hobby", hobby)
        print1("birthplace", birthplace)
        return


def main():
        print(" 测试位置参数的应用 .......................")
        x=testPositionParms("201701", " 李四 ")
        x=testPositionParms("201702", " 吴一 ")

        print(" 测试默认参数的应用 .......................")
        x=testDefaultParms("201701", " 李四 ")
        x=testDefaultParms("201702", " 吴一 ")
```

```
    x=testDefaultParms("201605", " 西岐 ")

    print(" 测试关键字参数的应用 .........................")
    x=testKeyWordParms("201701", " 李四 ", city=" 北京 ", zipcode="100100")
    x=testKeyWordParms ("201702", " 吴一 ", "2016", zipcode="432100", city=" 孝感 ")

    print(" 测试可变参数的应用 ............")
    x=testVarParms1(" 足球 ")
    x=testVarParms1(" 篮球 ", " 音乐 ")
    x=testVarParms1(" 篮球 ", " 音乐 ", " 看书 ")
    x=testVarParms2(province=" 湖北 ", city=" 孝感 ", zipcode="432100")
    x=testVarParms2(province=" 上海 ", city=" 闵行 ", zipcode="210000")

    print(" 测试解包裹参数的应用 ............")
    hobby1=(" 篮球 ", " 音乐 ", " 看书 ")
    x=testUnpackingParms1(*hobby1)
    birthplace1={"province":" 湖北 ", "city":" 孝感 ", "zipcode":"432100"}
    x=testUnpackingParms2(**birthplace1)
    birthplace2={"province":" 上海 ", "city":" 闵行 ", "zipcode":"210000"}
    x=testUnpackingParms2(**birthplace2)

    print(" 测试 *args 参数与位置参数和默认参数的混合应用 ")
    x=testMixedParms1("201702", " 吴一 ", "2017", " 篮球 ", " 音乐 ")
    x=testMixedParms1("201605", " 西岐 ", "2016", " 政治 ", " 娱乐 ")

    print(" 测试 **kwargs 与位置参数和默认参数的混合应用 ")
    x=testMixedParms2("201702", " 吴 一 ", province=" 北 京 ", city=" 大 兴 ", zipcode=
"102600")
    x=testMixedParms2("201605", " 西 岐 ", "2016", province=" 北 京 ", city=" 西 城 ",
zipcode="100084")

    print(" 测试参数的复合应用 .............")
    x=testMixedParms3 ("201701", " 李四 ", "2017", " 足球 ", province=" 北京 ", city=" 大
兴 ", zipcode="102600")
    x=testMixedParms3("201702", " 吴 一 ", "2017", " 篮 球 ", " 音 乐 ", province=" 湖 北
", city=" 孝感 ", zipcode="432100")
    x=testMixedParms3 ("201703", " 王五 ", "2017", " 篮球 ", " 音乐 ", " 看书 ", province=
" 上海 ", city=" 闵行 ", zipcode="210000")
```

main()

运行后输出结果为：

测试位置参数的应用 ....

stdno=201701

name= 李四

stdno=201702

name= 吴一

测试默认参数的应用 ....

stdno=201701

name= 李四

grade=2017

stdno=201702

name= 吴一

grade=2017

stdno=201605

name= 西岐

grade=2017

测试关键字参数的应用 ....

stdno=201701

name= 李四

grade=2017

city= 北京

zipcode=100100

stdno=201702

name= 吴一

grade=2016

city= 孝感

zipcode=432100

测试可变参数的应用 ....

hobby=(' 足球 ',)

hobby=(' 篮球 ', ' 音乐 ')

hobby=(' 篮球 ', ' 音乐 ', ' 看书 ')

birthplace={'province': ' 湖北 ', 'city': ' 孝感 ', 'zipcode': '432100'}

birthplace={'province': ' 上海 ', 'city': ' 闵行 ', 'zipcode': '210000'}

测试解包裹参数的应用 ....

basketball= 篮球

music= 音乐

reading= 看书

province= 湖北
city= 孝感
zipcode=432100
province= 上海
city= 闵行
zipcode=210000
测试 *args 参数与位置参数和默认参数的混合应用
stdno=201702
name= 吴一
grade=2017
hobby=(' 篮球 ', ' 音乐 ')
stdno=201605
name= 西岐
grade=2016
hobby=(' 政治 ', ' 娱乐 ')
测试 **kwargs 与位置参数和默认参数的混合应用
stdno=201702
name= 吴一
grade=2017
birthplace={'province': ' 北京 ', 'city': ' 大兴 ', 'zipcode': '102600'}
stdno=201605
name= 西岐
grade=2016
birthplace={'province': ' 北京 ', 'city': ' 西城 ', 'zipcode': '100084'}
测试参数的复合应用 ....
stdno=201701
name= 李四
grade=2017
hobby=(' 足球 ',)
birthplace={'province': ' 北京 ', 'city': ' 大兴 ', 'zipcode': '102600'}
stdno=201702
name= 吴一
grade=2017
hobby=(' 篮球 ', ' 音乐 ')
birthplace={'province': ' 湖北 ', 'city': ' 孝感 ', 'zipcode': '432100'}
stdno=201703
name= 王五
grade=2017
hobby=(' 篮球 ', ' 音乐 ', ' 看书 ')

birthplace={'province': ' 上海 ', 'city': ' 闵行 ', 'zipcode': '210000'}

3.1.3　变量作用域

1. Python 作用域概述

变量作用域是变量发生作用的范围。就作用域而言，Python 与 C、Java 等语言有着很大的区别。Python 中只有模块（module）、类（class）及函数（def、lambda）才会有作用域的概念，其他代码块（如 if/elif/else/、try/except、for/while 等）语句内定义的变量，外部也可以访问。

2. 作用域的 4 种类型

Python 中作用域可分为 4 种类型。

L（local）局部作用域：对函数中定义的变量，每当函数被调用时都会创建一个新的局部作用域。在函数内部的变量声明，除非特别声明为全局变量，否则均默认为局部变量。函数内部使用 global 关键字来声明变量的作用域为全局。

注意： 如果需要在函数内部对全局变量赋值，需要在函数内部通过 global 语句声明该变量为全局变量。

E（enclosing）嵌套作用域：E 定义一个函数的上一层父级函数的局部作用域，主要是为了实现 Python 的闭包。

G（global）全局作用域：在模块层次中定义的变量，每一个模块都是一个全局作用域。也就是说，在模块文件顶层声明的变量具有全局作用域，从外部看来，模块的全局变量就是一个模块对象的属性。

注意： 全局作用域的作用范围仅限于单个模块文件内。

B（built-in）内置作用域：系统内固定模块里定义的变量，如预定义在 builtin 模块内的变量。

3. 变量名解析 LEGB 法则

搜索变量名的优先级：局部作用域 > 嵌套作用域 > 全局作用域 > 内置作用域。

LEGB 法则：当在函数中使用未确定的变量名时，Python 会按照优先级依次搜索 4 个作用域，以此来确定该变量名的意义。首先搜索局部作用域（L），之后是上一层嵌套结构中 def 或 lambda 函数的嵌套作用域（E），之后是全局作用域（G），最后是内置作用域（B）。按这个查找原则，在第一处找到的地方停止。如果没有找到，则会发出 NameError 错误。

4. 不同作用域变量的修改

一个 non-L 的变量相对于 L 而言，默认是只读而不能修改的。如果希望在 L 中修改定义在 non-L 的变量，为其绑定一个新的值，Python 会认为在当前的 L 中引入一个新的变量（即便内外两个变量重名，但却有着不同的意义）。即在当前的 L 中，如果直接使用 non-L 中的变量，那么这个变量是只读的，不能被修改，否则会在 L 中引入一个同名的新变量。这是对上述几个例子的另一种方式的理解。

注意： 在 L 中对新变量的修改不会影响到 non-L。当希望在 L 中修改 non-L 中的变量时，可以使用 global、nonlocal 关键字。

5. 局部变量和全局变量

定义在函数内部的变量拥有一个局部作用域，定义在函数外的拥有全局作用域。

局部变量只能在其被声明的函数内部访问，而全局变量可以在整个程序范围内访问。调用函数时，所有在函数内声明的变量名都将被加入到作用域中。

注意：如果需要在函数内部对全局变量赋值，需要在函数内部通过 global 语句声明该变量为全局变量。

3.1.4　三个典型函数

1. lambda 表达式

lambda 表达式（lambda expression）是一个匿名函数，lambda 表达式基于数学中的 λ 演算得名，直接对应于其中的 lambda 抽象（lambda abstraction）。

Python 允许用 lambda 关键字创造匿名函数。其语法如下：

lambda [arg1[, arg2, …, argN]]: expression

参数是可选的，如果使用参数，参数通常也是表达式的一部分。

lambda 可以定义一个匿名函数，而 def 定义的函数必须有一个名字。这应该是 lambda 与 def 两者最大的区别。

lambda 是一个表达式，而不是一个语句，因此，lambda 能够出现在 Python 语法不允许 def 出现的地方。例如，在一个列表常量中或者函数调用的参数中。

lambda 表达式只可以包含一个表达式，该表达式的计算结果可以看作函数的返回值，不允许包含复合语句，但在表达式中可以调用其他函数。

【实例 3-4】

```
# 程序名称：PDA3105.py
# 功能：lambda 表达式
#!/usr/bin/python
# -*- coding: UTF-8 -*-
def main():
    #lambda 表达式无名称的使用
    print('lambda 表达式无名称的使用 ')
    list1=[1, 2, 3, 4, 5, 6, 7, 8, 9]
    print(list(map(lambda x: x*x, list1)))

    #lambda 表达式有名称的使用
    print('lambda 表达式有名称的使用 ')
    fun1=lambda x, y: x*x+y*y        # 命名 lambda 表达式为 fun1
    print(fun1(1, 2))      # 像函数一样调用

    #lambda 表达式作为列表的元素
    print('lambda 表达式作为列表的元素 ')
    list2=[(lambda x: x*x), \
            (lambda x, y: x*y), \
```

```
                (lambda x, y, z: x*y*z)]
    print(list2[0](2), list2[1](2, 3), list2[2](2, 3, 4))

    #lambda 表达式中调用函数
    print('lambda 表达式中调用函数 ')
    list3=[25, 18, 15, 18, 13, 10, 26, 26, 10, 12]
    list4=list(map(lambda x: (x-min(list3))/(max(list3)-min(list3)), list3))
    print("list4=", list4)

main()
```

运行后输出结果为：

lambda 表达式无名称的使用
[1, 4, 9, 16, 25, 36, 49, 64, 81]
lambda 表达式有名称的使用
5
lambda 表达式作为列表的元素
4 6 24
lambda 表达式中调用函数
list4=[0.9375, 0.5, 0.3125, 0.5, 0.1875, 0.0, 1.0, 1.0, 0.0, 0.125]

2. map() 函数

map() 函数是 Python 内置的高阶函数，其使用格式为：

map(function, Itera)

其中，第一个参数为某个函数，第二个参数为可迭代对象。

map() 函数的作用是接收一个函数 function 和一个可迭代对象 Itera，并通过把函数 function 依次作用在 Itera 的每个元素上，得到一个新的可迭代的 map 对象并返回。

【实例 3-5】

```
# 程序名称：PDA3106.py
# 功能：map() 函数
#!/usr/bin/python
# -*- coding: UTF-8 -*-
def main():
    # 与 lambda 表达式配套使用
    print(' 与 lambda 表达式配套使用 ')
    list1=[1, 2, 3, 4, 5, 6, 7, 8, 9]
    list2=list(map(lambda x: x*x, list1))
    print("list2=", list2)
```

```
# 与自定义函数配套使用
print(' 与自定义函数配套使用 ')
def squareSum(x, y):
    return x*x+y*y


list3=[16, 10, 25, 28, 25, 14, 28, 20, 15, 17]
list4=[24, 28, 15, 26, 20, 24, 23, 16, 29, 25]
list5=list(map(squareSum, list3, list4))
print("list5=", list5)
```

main()

运行后输出结果为：

与 lambda 表达式配套使用
list2=[1, 4, 9, 16, 25, 36, 49, 64, 81]
与自定义函数配套使用
list5=[832, 884, 850, 1460, 1025, 772, 1313, 656, 1066, 914]

3.reduce() 函数

标准库 functools 中的函数 reduce() 可以将一个接收两个参数的函数以迭代累积的方式从左到右依次作用到一个序列或迭代器对象的所有元素上，并且允许指定一个初始值。其使用格式如下：

reduce(function, iterable[, initializer])

其中，参数 function 必须有两个参数，initializer 是可选的。

它通过取出序列的头两个元素，将它们传入二元函数来获得一个单一的值来实现，然后又用这个值和序列的下一个元素来获得又一个值，然后继续，直到整个序列的内容都遍历完毕及最后的值会被计算出来为止。工作原理如图 3-2 所示。

以下举例说明。

【实例 3-6】

```
# 程序名称：PDA3107.py
# 功能：reduce() 函数
#!/usr/bin/python
# -*- coding: UTF-8 -*-


from functools import reduce


# 计算阶乘 n！ =1*2*…*n
def mult(x, y):
```

```
        return x*y

# 计算 f(n)=nf(n-1)+n**3 , f(0)=1
def fun1(fv, n):
        return n*fv+n**3


def main():
        print(" 计算阶乘 n！ =1*2*…*n")
        result=reduce(mult, [1, 2, 3, 4, 5, 6, 7, 8, 9])
        print("result=", result)

        print(" 计算 f(n)=nf(n-1)+n**3")
        result=reduce(fun1, [1, 2, 3, 4, 5], 1)
        print("result=", result)

main()
```

运行后输出结果为：

```
计算阶乘 n！ =1*2*…*n
result=362880
计算 f(n)=nf(n-1)+n**3
result=1705
```

它返回的结果相当于 $1 \times 2 \times 3 \times 4 \times 5 \times 6 \times 7 \times 8 \times 9 = 362880$

mult() 函数计算过程如图 3-3 所示。

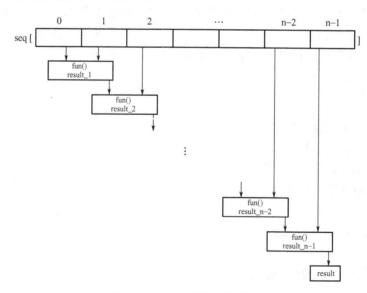

图 3-2　reduce() 函数工作原理

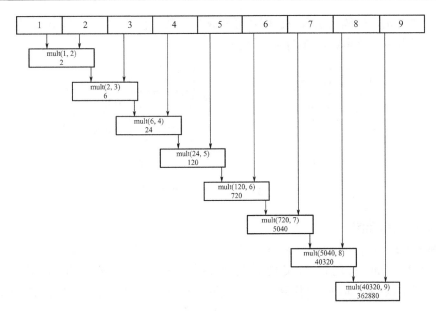

图 3-3　mult() 函数计算过程示意图

fun1() 函数计算过程如图 3-4 所示。

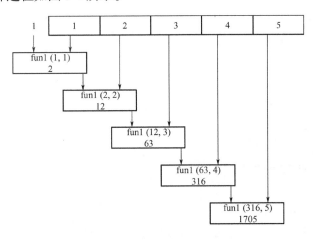

图 3-4　fun1() 函数计算过程示意图

注意：

在 Python 3 中 reduce() 不再是内置函数，而是集成到了 functools 中，需要导入。导入方式如下：

from functools import reduce

3.1.5　函数递归

1. 递归的含义

递归是指一个方法直接或间接调用自身的行为。递归分为直接递归和间接递归，直接递归是指函数在执行中调用了自身；间接递归是指函数在执行中调用了其他函数，而其他函数在执行中又调用了该函数。如图 3-5 所示。

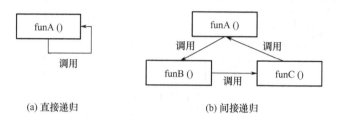

(a) 直接递归   (b) 间接递归

图 3-5　递归调用示意图

2. 递归的应用举例

【实例 3-7】

利用函数 sum() 采用递归实现计算 1+2+3+⋯+n，用函数 mult() 计算 $1 \times 2 \times 3 \times \cdots \times n = n$！，用函数 fibonacci() 计算斐波那契数列（1，1，2，3，5，8，13，21，⋯）的程序如下所示。

```
# 程序名称：PDA3108.py
# 功能：函数递归
#!/usr/bin/python
# -*- coding: UTF-8 -*-
#sum(n)=1+2+⋯+n
def sum(n):
    if n==1:
        return 1
    else:
        return sum(n-1)+n


#mult(n)=1*2*⋯*n
def mult(n):
    if n==1 or n==0:
        return 1
    else:
        return mult(n-1)*n


#fibonacci 数列：1, 1, 2, 3, 5, 8⋯
def fibonacci(n):
    if n<=2: return 1
    else: return fibonacci(n-1)+fibonacci(n-2)
```

```
def main():
    n=int(input(" 输入 n："))
    print("sum(", n, ")=", sum(n))
    print("mult(", n, ")=", mult(n))
    print("fibonacci(", n, ")=", fibonacci(n))
```

main()

运行后输出结果为：

输入 n：5
sum(5)=15
mult(5)=120
fibonacci(5)=5

说明：

图 3-6 给出了调用 sum(5) 的执行过程。

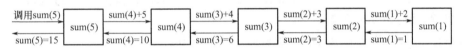

图 3-6　调用 sum(5) 的执行过程示意图

从图 3-6 可知，函数 sum() 共调用了 5 次，其中 sum(5) 在函数 sum() 外调用，其余 4 次在 sum() 中调用，即递归调用 4 次。

3.1.6　常用函数

使用内置函数 dir() 可以查看所有内置函数和内置对象：

>>> dir(__builtins__)

使用 help（函数名）可以查看某个函数的用法。常用内置函数如表 3-1 所示。

表 3-1　常用内置函数

abs()	delattr()	hash()	memoryview()	set()	all()
dict()	help()	min()	setattr()	any()	dir()
hex()	next()	slice()	ascii()	divmod()	id()
object()	sorted()	bin()	enumerate()	input()	oct()
staticmethod()	bool()	eval()	int()	open()	str()
breakpoint()	exec()	isinstance()	ord()	sum()	bytearray()
filter()	issubclass()	pow()	super()	bytes()	float()

续表

iter()	print()	tuple()	callable()	format()	len()
property()	type()	chr()	frozenset()	list()	range()
vars()	classmethod()	getattr()	locals()	repr()	zip()
compile()	globals()	map()	reversed()	__import__()	complex()
hasattr()	max()	round()			

以下就部分常用函数做简单介绍。

1. 进制转换函数

bin(n)：将十进制数 n 转换为二进制数。

oct(n)：将十进制数 n 转换为八进制数。

hex(n)：将十进制数 n 转换为十六进制数。

chr(n)：将十进制数 n 转换为 ASCII 中相应的字符。

ord(s)：将 ASCII 中相应的字符转换为十进制数。

int(s, base)：将字符串 s 表示的 base（=2, 8, 16）进制数组合转换为十进制数。

2. 数学函数：math 模块

abs(x)：返回数值 x 的绝对值，如 abs(–10) 返回 10。

ceil(x)：返回数值 x 的上入整数，如 math.ceil(4.1) 返回 5。

cmp(x, y)：如果 x < y 返回 –1；如果 x==y 返回 0；如果 x > y 返回 1。Python 3 已废弃，使用 (x>y)–(x<y) 替换。

exp(x)：返回 e 的 x 次幂，如 math.exp(1) 返回 2.718281828459045。

fabs(x)：返回数值 x 的绝对值，如 math.fabs(–10) 返回 10.0。

floor(x)：返回数值 x 的下舍整数，如 math.floor(4.9) 返回 4。

log(x)：如 math.log(math.e) 返回 1.0，math.log(100, 10) 返回 2.0。

log10(x)：返回以 10 为底的 x 的对数，如 math.log10(100) 返回 2.0。

max(x1, x2, …)：返回给定参数的最大值，参数可以为序列。

min(x1, x2, …)：返回给定参数的最小值，参数可以为序列。

modf(x)：返回 x 的整数部分与小数部分，两部分的数值符号与 x 相同，整数部分以浮点型表示。

pow(x, y)：x^y 运算后的值。

round(x [, n])：返回浮点数 x 的四舍五入值，如给出 n 值，则代表舍入到小数点后的位数。

acos(x)：返回 x 的反余弦弧度值。

asin(x)：返回 x 的反正弦弧度值。

atan(x)：返回 x 的反正切弧度值。

atan2(y, x)：返回给定的 x 及 y 坐标值的反正切值。

cos(x)：返回 x 的弧度的余弦值。

hypot(x, y)：返回欧几里得范数 sqrt(x*x + y*y)。

sin(x)：返回 x 弧度的正弦值。

tan(x)：返回 x 弧度的正切值。

degrees(x)：将弧度转换为角度，如 degrees(math.pi/2)，返回 90.0。

radians(x)：将角度转换为弧度。

常量：

pi：数学常量 pi，即圆周率，一般以 π 来表示。

e：数学常量 e，即自然常数。

以下举例说明。

【实例 3-8】

三角形面积的一种计算公式为：

$$area=\frac{1}{2}absin(\theta)$$

其中，a 和 b 为三角形的两条边，θ 为 a 和 b 的夹角。

```
# 程序名称：PDA3109.py
# 功能：内置函数应用
#!/usr/bin/python
# -*- coding: UTF-8 -*-
import math
def main():
    a=float(input(" 输入三角形边 a："))
    b=float(input(" 输入三角形边 b："))
    angle=float(input(" 输入三角形边 a 和 b 的夹角："))
    print(" 三角形面积 =%8.2f"%(a*b*math.sin(angle*math.pi/180)/2))


main()
```

一次运行后输出结果为：

输入三角形边 a：2
输入三角形边 b：3
输入三角形边 a 和 b 的夹角：30
三角形面积 =1.50

【实例 3-9】

展示不同进制数之间的转换。

```
# 程序名称　　#PDA3110.py
# 功能　　# 进制转换应用
#!/usr/bin/python
```

```
# -*- coding: UTF-8 -*-
import math
def main():
    print(" 十进制数转换为其他进制数……")
    n=98
    print(n, " 对应的二进制 =", bin(n))          # 将十进制数 n 转换为二进制数
    print(n, " 对应的八进制 =", oct(n))          # 将十进制数 n 转换为八进制数
    print(n, " 对应的十六进制 =", hex(n))          # 将十进制数 n 转换为十六进制数

    print(" 其他进制数转换为十进制数……")
    #int(s, base) 将字符串 s 表示的 basebase(=2, 8, 16) 进制数组合转换为十进制数
    s='111'
    print(' 二进制数 ', s, ' 对应的十进制数 =', int(s, 2))
    s='567'
    print(' 八进制数 ', s, ' 对应的十进制数 =', int(s, 8))
    s='123ABC'
    print(' 十六进制数 ', s, ' 对应的十进制数 =', int(s, 16))

    s=str(11111)
    print(' 二进制数 ', s, ' 对应的十进制数 =', int(s, 2))
    s=str(1356)
    print(' 八进制数 ', s, ' 对应的十进制数 =', int(s, 8))
    s=str(123)
    print(' 十六进制数 ', s, ' 对应的十进制数 =', int(s, 16))

    print(" 字符与十进制数之间转换……")
    n=99
    print(n, " 对应的 ASCII 中字符 =", chr(n))          # 将十进制数 n 转换为 ASCII 中相应
的字符
    s='W'
    print(s, " 对应的十进制数 =", ord(s))          # 将 ASCII 中相应的字符转换为十进制数

main()
```

运行后输出结果为：

十进制数转换为其他进制数……
98 对应的二进制 =0b1100010
98 对应的八进制 =0o142
98 对应的十六进制 =0x62

其他进制数转换为十进制数……
二进制数 111 对应的十进制数 =7
八进制数 567 对应的十进制数 =375
十六进制数 123ABC 对应的十进制数 =1194684
二进制数 11111 对应的十进制数 =31
八进制数 1356 对应的十进制数 =750
十六进制数 123 对应的十进制数 =291
字符与十进制数之间转换……
99 对应的 ASCII 中字符 =c
W 对应的十进制数 =87

3.2　模块

3.2.1　Python 模块概述

1. 模块含义

模块是一组 Python 代码的集合，主要定义了一些公有函数和变量，当然模块中可以包含任何符合 Python 语法规则的语句。使用者通过 import 命令引入模块，便可应用其中的函数和变量。在 Python 中，一个 .py 文件就是一个模块（module）。

创建自己的模块时，要注意模块名应遵循 Python 标识符命名规范，模块名不要和系统模块名冲突。例如，sys 是系统内置模块，自定义模块名就不要命名为 sys.py。

2. 模块分类

在 Python 中，模块分为以下 3 类。

（1）自定义模块：用户自己编写的包含一些函数变量的 .py 文件。

（2）内置模块：Python 自身提供的模块，例如经常用的 sys、os、random 等模块。

（3）开源模块：第三方提供的模块。

3. 模块的好处

模块主要好处在于：

（1）提高代码的可维护性和开发效率。编写程序时，用户可以自定义各种模块，也可以使用系统内置模块和第三方模块，同时自定义模块也可被其他模块使用。

（2）使用模块还可以避免函数名和变量名冲突。相同名字的函数和变量完全可以分别存放在不同的模块中。

4. 模块文件的管理

为了避免模块名冲突，Python 引入包（package）来管理模块文件。包是一个有层次的文件目录结构，它定义了由若干模块、子包组成的 Python 应用程序执行环境。换言之，包是一个包含 __init__.py 文件的目录，该目录下一定得有这个 __init__.py 文件和其他模块或子包。

常见的包结构如图 3-7 所示。

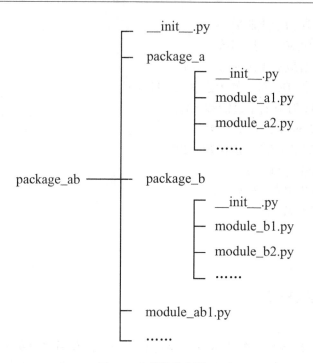

图 3-7　包结构示意图

因此，只要将模块放在不同包中，就可避免模块名冲突。

注意：

每一个包目录下面都会有一个 __init__.py 文件，这个文件是必须存在的；否则，Python 就把这个目录当成普通目录，而不是一个包。__init__.py 可以是空文件，也可以有 Python 代码，__init__.py 本身就是一个模块。

5. 模块的引用

模块引用方式如下。

方式 1：import　module_name。

module_name 为模块名。

例如：

```
import sys        # 引用系统内置模块 sys
import mymath        # 引用自定义模块 mymath
import mypack.mymath        # 引用包 mypack 下的自定义模块 mymath
```

方式 2：from module_name import function_name。

例如：

```
from random import randint        # 引用系统内置模块 random 中的函数 randint
from mymath import sum        # 引用自定义模块 mymath 中的函数 sum
from mypack.mymath import sum        # 引用包 mypack 下的自定义模块 mymath 中的函数 sum
```

方式 3：应用多个模块，模块之间用逗号。

例如：

import sys, module

注意：

在引入模块前要求配置好模块所在目录。可以通过下列方式配置。

import sys

sys.path.append（模块所在目录）

也可以将该目录加入 PYTHONPATH 环境变量，在 Windows 10 环境下加入环境变量的简要步骤如下：

（1）右击"电脑"图标;

（2）在弹出窗口中左击"属性"；

（3）在弹出窗口中左击"高级系统设置"；

（4）在弹出窗口中左击"环境变量（N）…"；

（5）在弹出窗口中就可进行环境变量的新建、修改等。

有关 PYTHONPATH 环境变量详见第 1 章。

3.2.2　自定义模块

自定义模块是将一系列常用功能放在一个 .py 文件中。自定义模块应用一般包括以下几个步骤：

（1）编辑并调试好模块文件，如 mymath.py。

（2）规划模块存放目录，如将模块文件放在 D:\myLearn\Python\lib。

（3）配置模块文件目录，即将模块文件目录加入 PYTHONPATH 环境变量或在某应用该模块的文件中引用该模块前加入如下语句：

import sys   #引用系统内置模块 sys

sys.append("D:\myLearn\Python\lib")

（4）引用模块

import mymath   #引用自定义模块 mymath

以下举例说明。

【实例 3-10】

本实例先定义一个名为 mymath.py 的模块，模块中包含 4 个自定义函数 max()、min()、sum() 和 mult()，然后在另一个模块文件 PDA3201.py 中使用这些函数。

#程序名称：mymath.py

#功能：自定义函数模块

#返回 x 和 y 的较大值

```python
def max(x, y):
    if x>y :
            return x
    else:
            return y


# 返回 x 和 y 的较小值
def min(x, y):
    if x<y :
            return x
    else:
            return y


# 返回 1+2+…+n 的值
def sum(n):
    sum0=0
    for i in range(1, n+1):
        sum0=sum0+i
    return sum0


# 返回 n!=1*2*…*n 的值
def mult(n):
    mult0=1
    for i in range(1, n+1):
        mult0=mult0*i
    return mult0



# 程序名称：PDA3201.py
# 功能：模块测试
#!/usr/bin/python
# –*– coding: UTF–8 –*–


#import sys
#sys.path.append('D:/myLearn/python/ch03')
import mymath      # 引入自定义模块 mymath
import random      # 引入内置模块 random


# 以下调用内置模块 random 中的 randint() 函数
```

```
a=random.randint(1, 100)
b=random.randint(1, 100)
n=random.randint(1, 10)
```

```
# 以下调用自定义模块 mymath 中的函数
print("max(", a, ", ", b, ")=", mymath.max(a, b))
print("min(", a, ", ", b, ")=", mymath.min(a, b))
print("sum(", n, ")=", mymath.sum(n))
print("mult(", n, ")=", mymath.mult(n))
```

运行 PDA3201.py 后输出为：
```
max( 74 , 48 )=74
min( 74 , 48 )=48
sum( 6 )=21
mult( 6 )=720
```

3.2.3　Python 常用模块

1. time & datetime 模块

# 导入模块
import time, datetime

主要函数如下。

time.clock()：以浮点数计算秒数，返回程序运行的时间。

time.sleep(seconds)：程序休眠 seconds 秒后再执行下面的语句。

time.time()：返回一个浮点型数据。

time.gmtime(时间戳)：把时间戳转换成格林尼治时间，返回一个时间元组。

time.localtime(时间戳)：把时间戳转换成本地时间，返回一个时间元组。(若为中国时区，加上 8 小时)

time.mktime(时间元组)：把时间元组转换成时间戳，返回一个浮点数。

time.asctime(时间元组)：将时间元组转换成一个字符串。

time.ctime(时间戳)：将时间戳转换成一个字符串。

time.strftime(format，时间元组)：将时间元组转换成指定格式的字符串。

time.strptime(字符串，format)：将指定格式的字符串转换成时间元组。

datetime.datetime.now()：获取系统当前时间。

datetime.datetime(参数列表)：获取指定时间。

datetime.strftime("%Y-%m-%d")：将时间转换为字符串。

2. random 模块

导入模块

import random

主要函数如下。

random.choice(列表 / 元组 / 字符串)：在列表或者元组中随机挑选一个元素，若是字符串，则随机挑选一个字符。

random.randrange([start, end), step)：返回在 [start, end) 中并且步长为 step 的随机数。若 start 不写，默认为 0。多数情况下 step 不写，默认为 1，但是 end 一定要有。

random.random()：返回 [0, 1) 的一个随机数，结果是一个浮点数。例如：

num4=random.random()

random.shuffle(列表)：将序列中的所有元素进行随机排序，直接操作序列（序列会发生变化），没有返回值。

random.uniform(m, n)：随机产生 [m, n] 的一个浮点数。

random.randint(m, n)：随机产生 [m, n] 的一个整数。

3. sys 模块

导入模块

import sys

主要函数如下。

sys.argv：命令行参数 List，第一个元素是程序本身路径。

sys.exit(n)：退出程序，正常退出时执行 exit(0)。

sys.version：获取 Python 解释程序的版本信息。

sys.path：返回模块的搜索路径，初始化时使用 PYTHONPATH 环境变量的值。

sys.platform：返回操作系统平台名称。

sys.modules.keys()：返回所有已经导入的模块列表。

sys.exc_info()：获取当前正在处理的异常类，exc_type、exc_value、exc_traceback 及当前处理的异常详细信息。

sys.maxsize：最大的 int 值。

sys.maxunicode：最大的 unicode 值。

sys.modules：返回系统导入的模块字段。

sys.stdout：标准输出。

sys.stdin：标准输入。

sys.stderr：错误输出。

以下举例说明。

【实例 3-11】

本实例利用随机函数生成一对相互独立的标准正态分布的随机变量，这对随机变量可以用于蒙特卡罗模拟风险分析。

首先，产生标准正态分布的随机变量 $X \sim N(0, 1)$。

标准正态分布的密度函数为

$$f(x) = \frac{1}{\sqrt{2\pi}} e^{-\frac{x^2}{2}}, -\infty < x < +\infty$$

若 R_1 和 R_2 是相互独立的在 (0, 1) 区间均匀分布的随机变量，则随机变量

$$\xi_1 = (-2\ln R_1)^{\frac{1}{2}} \cos 2\pi R_2$$

$$\xi_2 = (-2\ln R_1)^{\frac{1}{2}} \sin 2\pi R_2$$

为一对相互独立的标准正态分布的随机变量。

例如，估计最初投资费用 P 服从正态分布，均值 μ=1500，标准差 σ=150。

$$P_1 = 1500 + 150 \times (-2\ln R_1)^{\frac{1}{2}} \cos 2\pi R_2$$

$$P_2 = 1500 + 150 \times (-2\ln R_1)^{\frac{1}{2}} \sin 2\pi R_2$$

则可使用 $(P_1+P_2)/2$ 来模拟 P。

```
# 程序名称：PDA3202.py
# 功能：内置模块应用
#!/usr/bin/python
# -*- coding: UTF-8 -*-
import math
import random
def main():
    r1=random.random()
    r2=random.random()
    e1=math.sqrt(-2*math.log(r1))*math.cos(2*math.pi*r2)
    e2=math.sqrt(-2*math.log(r1))*math.sin(2*math.pi*r2)
    print(" 第 1 个随机价格变量值 =%6.2f"%(1500+150*e1))
    print(" 第 2 个随机价格变量值 =%6.2f"%(1500+150*e2))
    print(" 价格 P 的模拟值 =%6.2f"%(1500+150*(e2+e1)/2))

main()
```

一次运行的结果为：

第 1 个随机价格变量值 =1522.23
第 2 个随机价格变量值 =1307.63
价格 P 的模拟值 =1414.93

【实例 3-12】

这里展示 sys 模块的应用。

```
# 程序名称：PDA3203.py
# 功能：sys 模块应用
#!/usr/bin/python
# -*- coding: UTF-8 -*-
import sys
print(" 命令行参数 =", sys.argv)
print("Python 版本 =", sys.version)          # 获取 Python 解释程序的版本信息
print(" 模块的搜索路径 =", sys.path)          # 返回模块的搜索路径，初始化时使用
                                            #PYTHONPATH 环境变量的值
print(" 操作系统 =", sys.platform)          # 返回操作系统平台名称
#print(" 已经导入的模块 =", sys.modules.keys())      # 返回所有已经导入的模块列表
print(" 当前正在处理的异常类 =", sys.exc_info())      # 获取当前正在处理的异常类，
                            # exc_type、exc_value、exc_traceback 及当前处理的异常详细信息
print(" 最大的 int 值 =", sys.maxsize)          # 最大的 int 值
print(" 最大的 unicode 值 =", sys.maxunicode)      # 最大的 unicode 值
print(" 系统导入的模块 =", sys.modules)          # 返回系统导入的模块字段
#sys.stdout      # 标准输出
#sys.stdin       # 标准输入
#sys.stderr      # 错误输出
```

运行 python PDA3203.py s1 s2 后输出结果为：

命令行参数 =['PDA3203.py', 's1', 's2']
Python 版本 =3.8.10 (v3.7.3:ef4ec6ed12, Mar 25 2019, 22:22:05) [MSC v.1916 64 bit (AMD64)]
模块的搜索路径 =['D:\\mylearn\\python\\PDA1\\ch03', 'D:\\mylearn\\python', 'C:\\python37\\python37.zip', 'C:\\python37\\DLLs', 'C:\\python37\\lib', 'C:\\python37', 'C:\\python37\\lib\\site-packages']
操作系统 =win32
当前正在处理的异常类 =(None, None, None)
最大的 int 值 =9223372036854775807
最大的 unicode 值 =1114111
系 统 导 入 的 模 块 ={'sys': <module 'sys' (built-in)>, 'builtins': <module 'builtins' (built-in)>, '_frozen_importlib': <module 'importlib._bootstrap' (frozen)>, '_imp': <module '_imp' (built-in)>, '_thread': <module '_thread' (built-in)>, '_warnings': <module '_warnings' (built-in)>, '_weakref': <module '_weakref' (built-in)>, 'zipimport': <module 'zipimport' (built-in)>, '_frozen_importlib_external': <module 'importlib._bootstrap_external' (frozen)>, '_io': <module 'io' (built-in)>, 'marshal': <module 'marshal' (built-in)>, 'nt': <module 'nt' (built-in)>, 'winreg':

<module 'winreg' (built-in)>, 'encodings': <module 'encodings' from 'C:\\python37\\lib\\encodings__init__.py'>, 'codecs': <module 'codecs' from 'C:\\python37\\lib\\codecs.py'>, '_codecs': <module '_codecs' (built-in)>, 'encodings.aliases': <module 'encodings.aliases' from 'C:\\python37\\lib\\encodings\\aliases.py'>, 'encodings.utf_8': <module 'encodings.utf_8' from 'C:\\python37\\lib\\encodings\\utf_8.py'>, '_signal': <module '_signal' (built-in)>, '__main__': <module '__main__' from 'PDA3203.py'>, 'encodings.latin_1': <module 'encodings.latin_1' from 'C:\\python37\\lib\\encodings\\latin_1.py'>, 'io': <module 'io' from 'C:\\python37\\lib\\io.py'>, 'abc': <module 'abc' from 'C:\\python37\\lib\\abc.py'>, '_abc': <module '_abc' (built-in)>, 'site': <module 'site' from 'C:\\python37\\lib\\site.py'>, 'os': <module 'os' from 'C:\\python37\\lib\\os.py'>, 'stat': <module 'stat' from 'C:\\python37\\lib\\stat.py'>, '_stat': <module '_stat' (built-in)>, 'ntpath': <module 'ntpath' from 'C:\\python37\\lib\\ntpath.py'>, 'genericpath': <module 'genericpath' from 'C:\\python37\\lib\\genericpath.py'>, 'os.path': <module 'ntpath' from 'C:\\python37\\lib\\ntpath.py'>, '_collections_abc': <module '_collections_abc' from 'C:\\python37\\lib_collections_abc.py'>, '_sitebuiltins': <module '_sitebuiltins' from 'C:\\python37\\lib_sitebuiltins.py'>, '_bootlocale': <module '_bootlocale' from 'C:\\python37\\lib_bootlocale.py'>, '_locale': <module '_locale' (built-in)>, 'encodings.gbk': <module 'encodings.gbk' from 'C:\\python37\\lib\\encodings\\gbk.py'>, '_codecs_cn': <module '_codecs_cn' (built-in)>, '_multibytecodec': <module '_multibytecodec' (built-in)>, 'types': <module 'types' from 'C:\\python37\\lib\\types.py'>, 'importlib': <module 'importlib' from 'C:\\python37\\lib\\importlib__init__.py'>, 'importlib._bootstrap': <module 'importlib._bootstrap' (frozen)>, 'importlib._bootstrap_external': <module 'importlib._bootstrap_external' (frozen)>, 'warnings': <module 'warnings' from 'C:\\python37\\lib\\warnings.py'>, 'importlib.util': <module 'importlib.util' from 'C:\\python37\\lib\\importlib\\util.py'>, 'importlib.abc': <module 'importlib.abc' from 'C:\\python37\\lib\\importlib\\abc.py'>, 'importlib.machinery': <module 'importlib.machinery' from 'C:\\python37\\lib\\importlib\\machinery.py'>, 'contextlib': <module 'contextlib' from 'C:\\python37\\lib\\contextlib.py'>, 'collections': <module 'collections' from 'C:\\python37\\lib\\collections__init__.py'>, 'operator': <module 'operator' from 'C:\\python37\\lib\\operator.py'>, '_operator': <module '_operator' (built-in)>, 'keyword': <module 'keyword' from 'C:\\python37\\lib\\keyword.py'>, 'heapq': <module 'heapq' from 'C:\\python37\\lib\\heapq.py'>, '_heapq': <module '_heapq' (built-in)>, 'itertools': <module 'itertools' (built-in)>, 'reprlib': <module 'reprlib' from 'C:\\python37\\lib\\reprlib.py'>, '_collections': <module '_collections' (built-in)>, 'functools': <module 'functools' from 'C:\\python37\\lib\\functools.py'>, '_functools': <module '_functools' (built-in)>, 'mpl_toolkits': <module 'mpl_toolkits' (namespace)>}

3.3　本章小结

　　本章主要介绍了函数定义与调用，函数参数传递的几种形式，lamdba 表达式、map() 函数和 reduce() 三种典型函数，函数递归，模块的含义，自定义模块及应用，常用函数和内置模块及其应用。

3.4　思考和练习

1. 定义一个函数，实现以下功能，并展示如何调用该函数。

$$f(n) = \frac{1}{1 \times 2} + \frac{1}{2 \times 3} + \cdots + \frac{1}{n \times (n+1)}$$

2. 自定义无名函数，并展示如何调用该函数。

3. 自定义一个函数，并使用 map() 函数将其作用于列表。

4. 利用 reduce() 函数实现斐波那契数列的计算。

5. 自定义一个模块，并展示如何使用该模块。

第 4 章　常见数据结构

本章的学习目标：
- 掌握字符串的含义、操作、函数或方法及应用
- 掌握列表的含义、操作、函数或方法及应用
- 掌握元组的含义、操作、函数或方法及应用
- 掌握集合的含义、操作、函数或方法及应用
- 掌握字典的含义、操作、函数或方法及应用
- 掌握栈和队列的含义、操作、函数或方法及应用

　　Python 语言中常见的数据结构包括字符串、元组、列表、集合、字典、栈和队列。这些数据结构有着广泛用途。应用中，既可以利用 Python 语言提供的大量函数或方法完成特定功能，也可以编写特定函数实现个性化需求。因此，掌握这些数据结构的特点及相应的函数或方法是非常必要的。

4.1　字符串（str）

4.1.1　字符串概述

　　字符串（str）是由数字、字母、下画线组成的一串字符有序序列。一般记为

　　s="$a_1a_2\cdots a_n$"（$n \geq 0$）或 s='$a_1a_2\cdots a_n$'（$n \geq 0$）

n 为字符串的长度，n=0 时为空串，n=1 时为单字符串。Python 没有字符类型，可由单字符串替代。

1. 字符串运算

（1）字符串连接运算：+ 运算。

格式为：

s3=s1+s2

作用是将字符串 s1 和 s2 连接起来，生成一个新的字符串 s3。例如：

str1="123"
str2="abc"
str3=str1+str2　　　#"123abc"

（2）字符串复制运算：* 运算。

格式为：

s2=s1*n

作用是将字符串 s1 复制 n 倍生成一个新的字符串 s2。例如：

str1="abc"
str2=str1*2　　　#"abcabc"
print("str2=", str2)

（3）成员运算符：in 运算。
格式为：

s2 in s1

作用是判断字符串 s2 是不是 s1 的子串，若是，则返回 True。例如：

str1="abcdef"
print("a 在字符串 str1 中否？ ", "a" in str1)　　　#True
print("cd 在字符串 str1 中否？ ", "cd" in str1)　　　#True
print("g 在字符串 str1 中否？ ", "g" in str1)　　　#False

2. 字符串索引与切片

1）索引号规则

在 Python 中，n 个元素构成的有序序列（如字符串、列表等）的索引号从左到右依次为 0, 1, 2, …, n−1，从右到左依次为 −1, −2, …, −n，详见表 4-1。

表 4-1　索引号变化规律

从左向右索引	0	1	…	n−2	n−1
从右向左索引	−n	−n+1	…	−2	−1
序列	e_1	e_2	…	e_{n-1}	e_n

表 4-1 中 e_i 表示序列中的第 i 个元素。显然，正索引号和负索引号具有以下关系：

$$正索引号 = 负索引号 + len（序列）$$

len（序列）表示序列长度。

字符串 s="I-love-Python" 的索引号变化规律详见表 4-2。

表 4-2　字符串 s 的索引号变化规律

从左向右索引	0	1	2	3	4	5	6	7	8	9	10	11	12
从右向左索引	−13	−12	−11	−10	−9	−8	−7	−6	−5	−4	−3	−2	−1
序列	I	−	l	o	v	e	−	P	y	t	h	o	n

有序序列的索引和切片的规则是相似的，以下以字符串为例说明索引和切片的使用。

2）索引

所谓索引，就是借助索引号获取序列中某个元素。

正向索引：正向索引从 0 开始，向右依次递增。例如：

```
s[0]      # "I"
s[5]      # "e"
```

反向索引：反向索引从 –1 开始，向左依次递减。例如：

```
s[–1]      # "n"
s[–5]      # "y"
```

3）切片

所谓切片，就是截取有序序列的部分或全部元素。序列切片的形式有 3 种：

形式 1：序列 [index]。

截取索引号为 index 的元素。例如：

```
s[–3]      # "o"
s[5]       # "e"
```

形式 2：序列 [start:end]。

从左向右截取索引号 start 至索引号 end 之间的元素，但不包括 end，省略 start 时默认为从最左边开始截取，省略 end 时表示截取到最右边。索引号 start 和 end 为正或负均可，但一般要求索引号 start 位于索引号 end 的左边，否则截取内容为空。例如：

```
s="I-love-Python"
print("s[1:3]=", s[1:3])          # s[1:3]="-l"
print("s[–3:–1]=", s[–3:–1])      #s[–3:–1]="ho"
print("s[2:–1]=", s[2:–1])        #s[2:–1]="love-Pytho"
print("s[2:]=", s[2:])            #s[2:]="love-Python"
print("s[:–1]=", s[:–1])          #s[:–1]="I-love-Pytho"
print("s[–1:–3]", s[–1:–3])       # s[–1:–3]=""
print("s[–10:5]=", s[–10:5])      # s[–10:5]="ov"
```

形式 3：序列 [start:end:step]。

当 step>0 时，从左向右截取索引号 start 至索引号 end 之间的元素，但不包括 end，省略 start 时默认为从最左边开始截取，省略 end 时表示截取到最右边。索引号 start 和 end 为正或负均可，但一般要求索引号 start 位于索引号 end 的左边，否则截取内容为空。例如：

```
print("s[1:10:2]=", s[1:10:2])      #s[1:10:2]="-oePt"
print("s[2::2]=", s[2::2])          #s[2::2]="lv-yhn"
print("s[:5:2]=", s[:5:2])          #s[:5:2]="Ilv"
print("s[:–5:2]=", s[:–5:2])        #s[:–5:2]="Ilv–"
```

当 step<0 时，从右向左截取索引号 start 至索引号 end 之间的元素，但不包括 end，省略 start 时默认为从最右边开始截取，省略 end 时表示截取到最左边。索引号 start 和 end 为正或负均可，但一般要求索引号 start 位于索引号 end 的右边，否则截取内容为空。例如：

```
print("s[::-1]=", s[::-1])        #s[::-1]="nohtyP-evol-I"
print("s[::-2]=", s[::-2])        #s[::-2]="nhy-vlI"
print("s[9:-6-2]=", s[::-2])      #s[9:-6-2]="nhy-vlI"
print("s[6:0:-2]=", s[6:0:-2])    #s[6:0:-2]="-vl"
```

提示：

判断索引号 start 位于索引号 end 的左边的一个小技巧是，将索引号转换为对应的正索引号，如果索引号 start 对应的正索引号小于索引号 end 对应的正索引号，则索引号 start 位于索引号 end 的左边。

正索引号 = 负索引号 +len（序列）

len（序列）函数可求序列长度。

3. 字符串格式化

Python 语言中字符串格式化有两种方式：% 格式符方式，format 方式。

1）% 格式符方式

基本格式为：

%[(name)][flags][width].[precision]typecode

相关参数说明详见表 4-3。

表 4-3　有关参数说明（% 格式符方式）

参　数		说　明
(name)		可选，用于选择指定的 key
flags 可选	+	右对齐，正数前加正号，负数前加负号
	−	左对齐，正数前无符号，负数前加负号
	空格	右对齐，正数前加空格，负数前加负号
	0	右对齐，正数前无符号，负数前加负号，用 0 填充空白处
width		可选，占有宽度
.precision		可选，小数点后保留的位数
typecode 可选	s	获取传入对象的 __str__ 方法的返回值，并将其格式化到指定位置
	r	获取传入对象的 __repr__ 方法的返回值，并将其格式化到指定位置
	c	若为整数，将数值转换成其 Unicode 对应的值。若为字符，将字符添加到指定位置
	o	将整数转换成八进制表示，并将其格式化到指定位置
	x	将整数转换成十六进制表示，并将其格式化到指定位置
	d	将整数、浮点数转换成十进制表示，并将其格式化到指定位置
	e(E)	将整数、浮点数转换成科学记数法，并将其格式化到指定位置
	f(F)	将整数、浮点数转换成浮点型表示，并将其格式化到指定位置（默认保留小数点后 6 位）
	g(G)	自动调整，将整数、浮点数转换成浮点型或科学记数法表示（超过 6 位数用科学记数法表示），并将其格式化到指定位置
	%	当字符串中存在格式化标志时，需要用 %% 表示一个百分号

以下举例说明。

【实例 4-1】

```
# 程序名称：PDA4101.py
# 功能：字符串格式化（% 格式化方式）
#!/usr/bin/python
# -*- coding: UTF-8 -*-
def main():
    name1=input(" 输入姓名：")
    age1=int(input(" 输入年龄："))
    score1=float(input(" 输入分数："))
    #1. 不指定 width 和 precision
    sf="name=%s, age=%d, score=%f"
    print(sf%(name1, age1, score1))
    #2. 指定 width 和 precision
    sf="name=%15s, age=%5d, score=%8.2f"
    print( sf%(name1, age1, score1))
    #3. 指定占位符宽度（左对齐）
    sf="name=%-15s, age=%-5d, score=%-8.2f"
    print(sf%(name1, age1, score1))
    #4. 指定占位符（只能用 0 当占位符）
    sf="name=%-15s, age=%05d, score=%08.2f"
    print(sf%(name1, age1, score1))
    #5. 选择指定的 key
    sf="name=%(name)s, age=%(age)d, score=%(score)f"
    print(sf%{'name':name1, 'age':age1, 'score':score1})

main()
```

运行后输出结果为：

```
输入姓名：张三
输入年龄：30
输入分数：89
name= 张三, age=30, score=89.000000
name=             张三, age=   30, score=   89.00
name= 张三, age=30   , score=89.00
name= 张三, age=00030, score=00089.00
name= 张三, age=30, score=89.000000
```

2）format 方式

基本格式为：

[[fill]align][sign][#][0][width][,][.precision][type]

相关参数说明详见表 4-4。

表 4-4　有关参数说明（format 方式）

参　　数		说　　明
fill		可选，空白处填充的字符
align 可选，对齐方式 （需配合 width 使用）	<	内容左对齐
	>	内容右对齐（默认）
	=	内容右对齐，将符号放置在填充字符的左侧，且只对数值类型有效
	^	内容居中
sign 可选，有无符号数值	+	正号加正，负号加负
	–	正号不变，负号加负
	空格	正号空格，负号加负
#		可选，对于二进制、八进制、十六进制，如果加上 #，会显示 0b/0o/0x，否则不显示
0		用 0 补充
,		可选，为数值添加分隔符，如 1,000,000
width		可选，格式化位所占宽度
.precision		可选，小数位保留精度
type 可选，格式化类型	s	格式化字符串类型数据
	空白	未指定类型，则默认是 None，同 s
	b	将十进制整数自动转换成二进制表示，然后格式化
	c	将十进制整数自动转换为其对应的 Unicode 字符
	d	十进制整数
	o	将十进制整数自动转换成八进制表示，然后格式化
	x(X)	将十进制整数自动转换成十六进制表示，然后格式化（小写 x）
	e(E)	转换为科学记数法（小写 e）表示，然后格式化
	f(F)	转换为浮点型（默认小数点后保留 6 位）表示，然后格式化
	g(G)	自动在 e 和 f 中切换
	%	显示百分比（默认显示小数点后 6 位）

以下举例说明。

【实例 4-2】

```
# 程序名称：PDA4102.py
# 功能：字符串格式化（format 方式）
#!/usr/bin/python
# -*- coding: UTF-8 -*-
```

```
def main():
    stdname=input(" 输入姓名： ")
    age=int(input(" 输入年龄： "))
    score=float(input(" 输入分数： "))

    #1. 使用参数位置格式
    print("1. 使用参数位置格式 ")
    sf="stdname={0}， age={1}， score={2}"
    print(sf.format(stdname, age, score))
    list1=[stdname, age, score]
    print(sf.format(*list1))        # 列表参数
    tup1=(stdname, age, score)
    print(sf.format(*tup1))        # 元组参数

    #2. 使用参数名
    print("2. 使用参数名 ")
    sf="stdname={stdname}， age={age}， score={score}"
    print(sf.format(stdname=stdname, age=age, score=score))
    dict1={'stdname':stdname, 'age':age, 'score':score}
    print(sf.format(**dict1))        # 字典参数

    #3. 设置格式化的输出宽度、填充、对齐方式
    print("3. 设置格式化的输出宽度、填充、对齐方式 ")
    sf="stdname={0:*<10}， age={1:*<10}， score={2:*<10}"        # 左对齐
    print(sf.format(stdname, age, score))
    sf="stdname={0:*^10}， age={1:*^10}， score={2:*^10}"        #居中
    print(sf.format(stdname, age, score))
    sf="stdname={0:*>10}， age={1:*>10}， score={2:*>10}"        # 右对齐
    print(sf.format(stdname, age, score))

    #4. 设置输出格式：宽度与小数位
    print("4. 设置输出格式：宽度与小数位 ")
    sf="stdname={0:15s}， age={1:5d}， score={2:8.2f}"
    print(sf.format(stdname, age, score))
    sf="stdname={0:15s}， age={1:05d}， score={2:08.2f}"
    print(sf.format(stdname, age, score))

main()
```

运行后输出结果为：

输入姓名：张三

输入年龄：30

输入分数：89

1. 使用参数位置格式

stdname= 张三，age=30，score=89.0

stdname= 张三，age=30，score=89.0

stdname= 张三，age=30，score=89.0

2. 使用参数名

stdname= 张三，age=30，score=89.0

stdname= 张三，age=30，score=89.0

3. 设置格式化的输出宽度、填充、对齐方式

stdname= 张三 ********，age=30********，score=89.0******

stdname=**** 张三 ****，age=****30****，score=***89.0***

stdname=******** 张三，age=********30，score=******89.0

4. 设置输出格式：宽度与小数位

stdname= 张三，age=　　30，score=　　89.00

stdname= 张三，age=00030，score=00089.00

4.1.2　字符串常见函数及方法

1. 去掉空格和特殊符号

s.strip()：去掉空格和换行符。

s.strip('xx')：去掉某个字符串。

s.lstrip()：去掉左边的空格和换行符。

s.rstrip()：去掉右边的空格和换行符。

2. 字符串的搜索和替换

s.count('x')：查找某个字符在字符串里面出现的次数。

s.capitalize()：首字母大写。

s.center(n, '–')：把字符串放中间，两边用 – 补齐。

s.find('x')：找到这个字符，返回下标，有多个时返回第一个字符对应的下标；不存在的字符返回 –1。

s.index('x')：找到这个字符，返回下标，有多个时返回第一个字符对应的下标；不存在的字符报错。

s.replace(oldstr, newstr)：字符串替换。

s.format()：字符串格式化。

3. 字符串的测试和替换函数

s.startswith(prefix[, start[, end]])：是否以 prefix 开头。

s.endswith(suffix[, start[, end]])：以 suffix 结尾。

s.isalnum()：是否全是字母和数字，并至少有一个字符。

s.isalpha()：是否全是字母，并至少有一个字符。

s.isdigit()：是否全是数字，并至少有一个字符。

s.isspace()：是否全是空白字符，并至少有一个字符。

s.islower()：s 中的字母是否全是小写。

s.isupper()：s 中的字母是否全是大写。

s.istitle()：s 是否是首字母大写的。

4. 字符串分割

s.split()：默认按照空格分割。

s.split(splitter)：按照 splitter 分割。

5. 字符串连接

joiner.join(slit)：使用连接字符串函数 joiner 将 slit 中元素连接成一个字符串，slit 可以是字符串列表、字典（可迭代的对象）。int 类型不能被连接。

6. 截取字符串（切片）

s='0123456789'

print(s[0:3])　　# 截取第一位到第三位的字符

print(s[:])　　# 截取字符串的全部字符

print(s[6:])　　# 截取第七个字符到结尾

print(s[:-3])　　# 截取从头开始到倒数第三个字符之前

print(s[2])　　# 截取第三个字符

print(s[-1])　　# 截取倒数第一个字符

print(s[::-1])　　# 创造一个与原字符串顺序相反的字符串

print(s[-3:-1])　　# 截取倒数第三位到倒数第一位的字符

print(s[-3:])　　# 截取倒数第三位到结尾

print(s[-5:-3])　　# 逆序截取

7. string 模块

importstring

string.ascii_uppercase：所有大写字母。

string.ascii_lowercase：所有小写字母。

string.ascii_letters：所有字母。

string.digits：所有数字。

注意：

对字符串的操作方法都不会改变原来字符串的值。

4.1.3　字符串应用

【实例 4-3】

字符串基本操作应用。

程序名称：PDA4104.py

```python
# 功能：字符串
#!/usr/bin/python
# -*- coding: UTF-8 -*-

def createStr():
    #1. 字符串创建
    print(" 字符串创建 ......................................")
    str1="12567"        # 赋值生成一个集合
    str2=""         # 空串
    list1=["Noah", "Jordon", "James", "Kobe"]
    str3=str(list1)       # 调用 str() 方法由列表创建字符串
    tup1=("Noah", "Jordon", "James", "Kobe")
    str4=str(tup1)        # 调用 set() 方法由元组创建字符串
    set1={"Noah", "Jordon", "James", "Kobe"}
    str5=str(set1)        # 调用 str() 方法由集合创建字符串
    print("str1=", str1)
    print("str2=", str2)
    print("str3=", str3)
    print("str4=", str4)
    print("str5=", str5)


def operateStr():
    # 字符串运算
    #+：字符串连接
    print("+：字符串连接 .............................................")
    str1="123"
    str2="abc"
    str3=str1+str2
    print("str1=", str1)
    print("str2=", str2)
    print("str3=", str3)


def repeatStr():
    #*  ：重复输出字符串
    print("*  ：重复输出字符串 ..........................................")
    str1="abc"
    str2=str1*2
    print("str1=", str1)
    print("str2=", str2)
```

```python
def sliceStr():
    #[]：通过索引获取字符串中字符
    #[ : ]：截取字符串中的一部分
    print("* 索引与切片 .............................................")
    str1="0123456789"
    print("str1[0:3]=", str1[0:3])        # 截取第一位到第三位的字符
    print("str1[:]=", str1[:])        # 截取字符串的全部字符
    print("str1[6:]=", str1[6:])        # 截取第七个字符到结尾
    print("str1[:-3]=", str1[:-3])        # 截取从头开始到倒数第三个字符之前
    print("str1[2]=", str1[2] )        # 截取第三个字符
    print("str1[-1]=", str1[-1])        # 截取倒数第一个字符
    print(" str1[::-1]=", str1[::-1])        # 创造一个与原字符串顺序相反的字符串
    print("str1[-3:-1]=", str1[-3:-1] )        # 截取倒数第三位到倒数第一位的字符
    print("str1[-3:]=", str1[-3:])        # 截取倒数第三位到结尾
    print("str1[:-5:-3]=", str1[:-5:-3])        # 逆序截取


def inStr():
    #in：成员运算符（如果字符串中包含给定的字符，返回 True）
    print("in：成员运算符 ...........................................")
    str1="abcdef"
    print("a 在字符串 str1 中否？ ", "a" in str1)
    print("cd 在字符串 str1 中否？ ", "a" in str1)
    print("g 在字符串 str1 中否？ ", "g" in str1)


def othersStr():
    # 字符串常见方法
    print(" 字符串常见方法 ...........................................")
    #1. 去掉空格和特殊符号
    #s.strip()：去掉空格和换行符
    print("a bcd ef.strip()=", "a bcd ef ".strip())
    #s.strip('xx')：去掉某个字符串
    str1="abcdabef"
    print(str1+".strip('ab')=", str1.strip('ab'))
    #s.lstrip()：去掉左边的空格和换行符
    #s.rstrip()：去掉右边的空格和换行符
    #2. 字符串的搜索和替换
    #s.count('x')：查找某个字符在字符串里面出现的次数
    print(str1+".count('a')=", str1.count('a'))
```

```python
    #s.capitalize()：首字母大写
    #s.center(n, '-')：把字符串放中间，两边用 - 补齐
    #s.find('x')：找到这个字符，返回下标，有多个时返回第一个字符对应的下标；
    # 不存在的字符返回 -1
    print(str1+".find('c')=", str1.find('c'))
    print(str1+".find('g')=", str1.find('g'))
    #s.index('x')：找到这个字符，返回下标，有多个时返回第一个字符对应的下标；
    # 不存在的字符报错
    print(str1+".index('b')=", str1.index('b'))
    #s.replace(oldstr, newstr)：字符串替换
    print(str1+".replace('ab', 'Java')=", str1.replace('ab', 'Java'))
    #3. 字符串的测试和替换函数
    #s.startswith(prefix[, start[, end]])：是否以 prefix 开头
    #s.endswith(suffix[, start[, end]])：以 suffix 结尾
    #s.isalnum()：是否全是字母和数字，并至少有一个字符
    #s.isalpha()：是否全是字母，并至少有一个字符
    #s.isdigit()：是否全是数字，并至少有一个字符
    #s.isspace()：是否全是空白字符，并至少有一个字符
    #s.islower()：s 中的字母是否全是小写
    #s.isupper()：s 中的字母是否全是大写
    #s.istitle()：s 是否是首字母大写的


def splitStr():
    #4. 字符串分割
    print(" 字符串分割 ............................................")
    str2="Noah Jordon James Kobe"
    #s.split()：默认按照空格分割
    print(str2+".split()=", str2.split())
    #s.split(', ')：按照逗号分割
    str2="Noah, Jordon, James, Kobe"
    print(str2+".split()=", str2.split(', '))
    str2="Noah*Jordon*James*Kobe"
    print(str2+".split()=", str2.split('*'))
    str2="Noah*#Jordon*#James*#Kobe"
    print(str2+".split()=", str2.split('*#'))


def joinStr():
    #5. 字符串连接
    print(" 字符串连接 ............................................")
```

```
        list1=['This', 'is', 'Python']
        print("join=", ', '.join(list1))
        print("join=", '-'.join(list1))
        print("join=", '*'.join(list1))
        print("join=", '##'.join(list1))

def  showStringModule():
        #7.string 模块
        print("string 模块应用 ............................................")
        import string
        print(" 所有大写字母 =", string.ascii_uppercase)        # 所有大写字母
        print(" 所有小写字母 =", string.ascii_lowercase)        # 所有小写字母
        print(" 所有字母 =", string.ascii_letters)        # 所有字母
        print(" 所有数字 =", string.digits)        # 所有数字

def main():
        createStr()
        operateStr()
        sliceStr()
        inStr()
        othersStr
        splitStr()
        joinStr()
        showStringModule()

main()
```

运行后输出结果为：

```
字符串创建 ............................................
str1=12567
str2=
str3=['Noah', 'Jordon', 'James', 'Kobe']
str4=('Noah', 'Jordon', 'James', 'Kobe')
str5={'James', 'Jordon', 'Kobe', 'Noah'}
+：字符串连接 ............................................
str1=123
str2=abc
str3=123abc
* ：重复输出字符串 ............................................
```

str1=abc

str2=abcabc

* 索引与切片 ....

str1[0:3]=012

str1[:]=0123456789

str1[6:]=6789

str1[:-3]=0123456

str1[2]=2

str1[-1]=9

str1[::-1]=9876543210

str1[-3:-1]=78

str1[-3:]=789

str1[:-5:-3]=96

in：成员运算符 ....

a 在字符串 str1 中否？ True

cd 在字符串 str1 中否？ True

g 在字符串 str1 中否？ False

字符串常见方法 ....

a bcd ef.strip()=a bcd ef

abcdabef.strip('ab')= cdabef

abcdabef.count('a')= 2

abcdabef.find('c')= 2

abcdabef.find('g')= -1

abcdabef.index('b')= 1

abcdabef.replace('ab', 'Java')= JavacdJavaef

字符串分割 ....

Noah Jordon James Kobe.split()= ['Noah', 'Jordon', 'James', 'Kobe']

Noah, Jordon, James, Kobe.split()= ['Noah', 'Jordon', 'James', 'Kobe']

Noah*Jordon*James*Kobe.split()= ['Noah', 'Jordon', 'James', 'Kobe']

Noah*#Jordon*#James*#Kobe.split()= ['Noah', 'Jordon', 'James', 'Kobe']

字符串连接 ....

join= This, is, Python

join= This-is-Python

join= This*is*Python

join= This##is##Python

string 模块应用 ....

所有大写字母 =ABCDEFGHIJKLMNOPQRSTUVWXYZ

所有小写字母 =abcdefghijklmnopqrstuvwxyz

所有字母 =abcdefghijklmnopqrstuvwxyzABCDEFGHIJKLMNOPQRSTUVWXYZ

所有数字 =0123456789

【实例 4-4】

利用字符串函数实现特定功能。

（1）将串 s2 插入串 s1 的第 i 个字符后面。

分析：如图 4-1 所示，最终的串 s1 可以看作由 "$a_1a_2\cdots a_i$" "$b_1b_2\cdots b_m$" 和 "$a_{i+1}a_{i+2}\cdots a_n$" 连接而成。因此可先将 s1 分成 s3（＝"$a_1a_2\cdots a_i$"）和 s4（＝"$a_{i+1}a_{i+2}\cdots a_n$"）两部分，然后将 s3 和 s2 连接成新的 s3，最后将新 s3 与 s4 连接成 s1。

图 4-1（a）是插入子串前的状态；图 4-1（b）是插入子串后的状态。

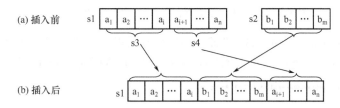

图 4-1　将串 s2 插入串 s1 的第 i 个字符后面示意图

算法如下：

// 将串 s2 插入串 s1 的第 i 个字符后面。

```
def insertStr(s1, s2, i):
    return s1[0:, i]+s2+s1[i:len(s1)]
```

（2）删除串 s 中第 i 个字符开始的连续 j 个字符。

分析：如图 4-2 所示，删除前串 s 可以看作由 "$a_1a_2\cdots a_{i-1}$"（记为 s1）"$a_ia_{i+1}\cdots a_{i+j-1}$"（记为 s2）和 "$a_{i+j}\cdots a_n$"（记为 s3）连接而成。删除后串 s 可以看作由 s1 和 s3 连接而成。

图 4-2（a）是删除子串前的状态；图 4-2（b）是删除子串后的状态。

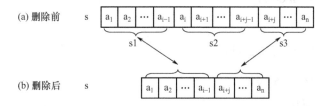

图 4-2　删除串 s 中第 i 个字符开始的连续 j 个字符示意图

算法如下：

删除串 s 中第 i 个字符开始的连续 j 个字符。

```
def deleteStr(s, i, j):
    return s[0:i-1]+s[i+j-1:len(s)]
```

（3）从串 s1 中删除所有和串 s2 相同的子串。

s1="abcabefabgha"

s2="ab"

则从串 s1 中删除所有和串 s2 相同的子串后，s1="cefgha"。

图 4-3（a）所示是删除子串前的状态；图 4-3（b）所示是删除子串后的状态。

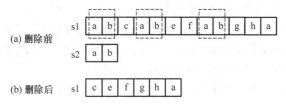

图 4-3　从串 s1 中删除所有和串 s2 相同的子串的示意图

分析：利用 index 算法可以找到 s2 在 s1 中的位置，而利用算法 StrDelete 可以删除 s1 中从某位置开始的若干连续字符。对删除字符后的串循环使用 index 和 StrDelete 算法便可从串 s1 中删除所有和串 s2 相同的子串。

算法如下：

```
# 从串 s1 中删除所有和串 s2 相同的子串。
def deleteStrAll(s1, s2):
    s0=""
    len2=len(s2)
    j=s1.find(s2);
    #print("s1="+s1+" s2="+s2+" j="+j);
    while(j>=0)  :
            s0=deleteStr(s1, j+1, len2);
            #print("s1="+s1+" s0="+s0);
            s1=s0
            j=s1.find(s2)
    return s0
```

可以按照以下程序来上机验证。

```
# 程序名称：PDA4105.py
# 功能：字符串应用二
#!/usr/bin/python
# –*– coding: UTF–8 –*–


#     // 将串 s2 插入串 s1 的第 i 个字符后面。
def insertStr(s1, s2, i):
    return s1[0:, i]+s2+s1[i:len(s1)]
# 删除串 s 中第 i 个字符开始的连续 j 个字符。
def deleteStr(s, i, j):
    return s[0:i-1]+s[i+j-1:len(s)]
```

```
# 从串 s1 中删除所有和串 s2 相同的子串。
def deleteStrAll(s1, s2):
    s0=""
    len2=len(s2)
    j=s1.find(s2);
    #print("s1="+s1+" s2="+s2+ " j="+j);
    while(j>=0):
            s0=deleteStr(s1, j+1, len2);
            #print("s1="+s1+" s0="+s0);
            s1=s0
            j=s1.find(s2)
    return s0


str1="abcabefabgha"
str2="ab"
print("str1=", str1)
print("str2=", str2)
print("deleteStrAll(str1, str2)=", deleteStrAll(str1, str2))
```

4.2　元组（tuple）

4.2.1　元组概述

元组（tuple）是若干元素构成的序列，由小括号 () 标识。元组与列表类似，也可以由不同类型组成，不同之处在于元组的元素不能修改。

1. 元组创建

元组可通过多种方式创建，如通过赋值创建，或通过调用函数 tuple() 由列表、集合、字符串等创建。元组可以为空 ()，也可以只有一个元素 (10,)。当只有一个元素时，后面的逗号不能少，否则就不是元组。

```
tup1=(1, 2, 3, 4, 5 )
tup2="a", "b", "c", "d"        # 不需要括号也可以
tup3=()        # 创建空元组
tup4=(50, )        # 创建只有一个元素的元组，逗号不能少
tup5=tuple('abcdef')        # 由字符串创建元组 ('a', 'b', 'c', 'd', 'e', 'f')
list1=["Jordon", 1, "Kobe", 2, "James", 3]
tup5=tuple(list1)        # 由列表创建元组 ("Jordon", 1, "Kobe", 2, "James", 3)
set1={"Jordon", 1, "Kobe", 2, "James", 3}
tup7=tuple(set1)        # 由集合创建元组 ("Jordon", 1, "Kobe", 2, "James", 3)
```

```
dict1={1: ' 费德勒 ', 2: ' 纳达尔 ', 3: ' 德约科维奇 ', 4: ' 桑普拉斯 '}
tup8=tuple(dict1)      # 调用 list() 由字典创建元组 {1, 2, 3, 4}
```

2. 元组截取

与字符串、列表等类似，元组可以通过索引进行切片处理，即截取部分生成新元组。

从左向右，索引下标依次为 0, 1, 2，…
从右向左，索引下标依次为 –1, –2, –3，…

```
tup1=("Jordon", 1, "Kobe", 2, "James", 3)
print ("tup1[0]: ", tup1[0])       # 结果为 "Jordon"
print ("tup1[2:4]: ", tup1[2:4])       # 结果为 ("Kobe", 2)
```

3. 元组运算

```
# 元组连接 +：连接两个元组为一个新元组
tup1=("Noah", "Jordon", "James", "Kobe")
tup2=("Curry", "James", "Dulant", "Jordon")
tup3=tup1+tup2
```

元组 tup3 结果为：

```
("Noah", "Jordon", "James", "Kobe", "Curry", "James", "Dulant", "Jordon")
# 元组复制：将元组复制 n 倍生成新元组
print(" 元组复制 ...........................................")
tup1=("Curry", "James")
tup2=tup1*3
print("tup1*3=", tup2)
```

元组 tup2 结果为：

```
("Curry", "James", "Curry", "James", "Curry", "James")
```

```
# 判断某元素是否属于元组
tup1=("Noah", "Jordon", "James", "Kobe")
print("Curry 属于 tup1 否？ ", 'Curry' in tup1)       #False
print("James 属于 tup1 否？ ", 'James' in tup1)       #True
```

```
#1.len(tuple)：计算元组元素个数
tup1=("Noah", "Jordon", "James", "Kobe")
print(" 元组 tup1 的长度 =", len(tup1))       #4
#2.max(tuple)：返回元组中元素最大值
tup1=("Noah", "Jordon", "James", "Kobe")
print(" 元组 tup1 的最大值 =", max(tup1))       #Noah
```

#3.min(tuple)：返回元组中元素最小值

tup1=("Noah", "Jordon", "James", "Kobe")

print(" 元组 tup1 的最小值 =", min(tup1))　　　#James

4.2.2　元组常用方法

元组常用方法如表 4-5 所示。

表 4-5　元组常用方法

方　　法	功　　能
len(tuple)	计算元组元素个数
max(tuple)	返回元组中元素最大值
min(tuple)	返回元组中元素最小值
tuple(seq)	将序列转换为元组

4.2.3　元组应用举例

【实例 4-5】

```
# 程序名称：PDA4201.py
# 功能：元组
#!/usr/bin/python
# -*- coding: UTF-8 -*-


#1. 元组创建
def createTuple():
    print(" 元组创建 ...........................")
    tup1=(1, 2, 3, 4, 5 )      # 赋值生成元组
    print ("tup1=", tup1)
    tup2="a", "b", "c", "d"      # 不用括号也可以
    print ("tup2=", tup2)
    tup3=()      # 创建空元组
    print ("tup3=", tup3)
    tup4=(50, )      # 创建只有一个元素的元组，逗号不能少
    print ("tup4=", tup4)
    tup5=tuple('abcdef')      # 调用 tuple() 由字符串创建元组
    print ("tup5=", tup5)
    list1=["Jordon", 1, "Kobe", 2, "James", 3]
    tup6=tuple(list1)      # 调用 tuple() 由列表创建元组
    print ("tup6=", tup6)
    set1={"Jordon", 1, "Kobe", 2, "James", 3}
```

```
    tup7=tuple(set1)      # 调用 tuple() 由集合创建元组
    print ("tup7=", tup7)
    dict1={1: ' 费德勒 ', 2: ' 纳达尔 ', 3: ' 德约科维奇 ', 4: ' 桑普拉斯 '}
    tup8=tuple(dict1)      # 调用 list() 由字典创建列表
    print ("tup8=", tup8)
```

#2. 元组截取
```
def sliceTuple():
    print(" 元组截取演示 .....................................")
    tup1=("Jordon", 1, "Kobe", 2, "James", 3)
    print ("tup1[0]: ", tup1[0])
    print ("tup1[1:5]: ", tup1[1:5])
```

#3. 元组运算符
```
def addTuple():
    # 元组连接 +
    print(" 元组连接 ...........................................")
    tup1=("Noah", "Jordon", "James", "Kobe")
    tup2=("Curry", "James", "Dulant", "Jordon")
    tup3=tup1+tup2
    print("tup1=", tup1)
    print("tup2=", tup2)
    print("tup1+tup2=", tup3)
```

元组复制
```
def repeatTuple():
    print(" 元组复制 ...........................................")
    tup1=("Curry", "James")
    tup2=tup1*3
    print("tup1=", tup1)
    print("tup1*3=", tup2)
```

判断某元素是否属于元组
```
def inTuple():
    print(" 判断某元素是否属于元组 ...........")
    tup1=("Noah", "Jordon", "James", "Kobe")
    print("Curry 属于 tup1 否？ ", 'Curry' in tup1)
    print("James 属于 tup1 否？ ", 'James' in tup1)
```

```
def mathTuple():
    #1.len(tuple)：计算元组元素个数
    tup1=("Noah", "Jordon", "James", "Kobe")
    print(" 元组 tup1=", tup1)
    print(" 元组 tup1 的长度 =", len(tup1))
    #2.max(tuple)：返回元组中元素最大值
    tup1=("Noah", "Jordon", "James", "Kobe")
    print(" 元组 tup1=", tup1)
    print(" 元组 tup1 的最大值 =", max(tup1))
    #3.min(tuple)：返回元组中元素最小值
    tup1=("Noah", "Jordon", "James", "Kobe")
    print(" 元组 tup1=", tup1)
    print(" 元组 tup1 的最小值 =", min(tup1))


def main():
    createTuple()
    sliceTuple()
    addTuple()
    repeatTuple()
    inTuple()
    mathTuple()


main()
```

运行后输出结果为：

元组创建 ....
tup1=(1, 2, 3, 4, 5)
tup2=('a', 'b', 'c', 'd')
tup3=()
tup4=(50,)
tup5=('a', 'b', 'c', 'd', 'e', 'f')
tup6=('Jordon', 1, 'Kobe', 2, 'James', 3)
tup7=(1, 2, 'Jordon', 3, 'Kobe', 'James')
tup8=(1, 2, 3, 4)
元组截取演示 ....
tup1[0]: Jordon
tup1[1:5]: (1, 'Kobe', 2, 'James')
元组连接 ....

```
tup1=('Noah', 'Jordon', 'James', 'Kobe')
tup2=('Curry', 'James', 'Dulant', 'Jordon')
tup1+tup2=('Noah', 'Jordon', 'James', 'Kobe', 'Curry', 'James', 'Dulant', 'Jordon')
元组复制 .......................................
tup1=('Curry', 'James')
tup1*3=('Curry', 'James', 'Curry', 'James', 'Curry', 'James')
判断某元素是否属于元组 ...........
Curry 属于 tup1 否？  False
James 属于 tup1 否？  True
元组 tup1=('Noah', 'Jordon', 'James', 'Kobe')
元组 tup1 的长度 =4
元组 tup1=('Noah', 'Jordon', 'James', 'Kobe')
元组 tup1 的最大值 =Noah
元组 tup1=('Noah', 'Jordon', 'James', 'Kobe')
元组 tup1 的最小值 =James
```

4.3　列表（list）

4.3.1　列表概述

列表（list）是若干元素构成的有序序列，由中括号 [] 标识。列表中元素类型可以不相同，可以是数值型、字符串型、列表型、元组型、集合型、字典型等。

1. 列表创建

列表可通过多种方式创建，如通过赋值创建，或通过调用函数 list() 由字符串、元素、集合、字典等创建。列表可以为空 []。

```
list1=[1, 2, 3, 4, 5]      # 赋值生成列表
list2=[]     # 创建空列表
list3=list('abcdef')      # 由字符串创建列表 ['a', 'b', 'c', 'd', 'e', 'f']
tup1=("Jordon", 1, "Kobe", 2, "James", 3)
list4=list(tup1)      # 由元组创建列表 ["Jordon", 1, "Kobe", 2, "James", 3]
set1={"Jordon", 1, "Kobe", 2, "James", 3}
list5=list(set1)      # 由集合创建列表 ["Jordon", 1, "Kobe", 2, "James", 3]
dict1={1: ' 费德勒 ', 2: ' 纳达尔 ', 3: ' 德约科维奇 ', 4: ' 桑普拉斯 '}
list6=list(dict1)      # 由字典创建列表 [1, 2, 3, 4]
```

2. 列表截取

与字符串、元组等类似，列表可以通过索引进行切片处理，即截取部分生成新列表。

从左向右，索引下标依次为 0, 1, 2, …
从右向左，索引下标依次为 -1, -2, -3, …

list1=["Jordon", 1, "Kobe", 2, "James", 3]
print ("list1[0]: ", list1[0])　　　# 结果为：Jordon
print ("list1[2:4]: ", list1[2:4])　　　# 结果为："Kobe", 2

3. 列表运算

# 列表连接 +
list1=["Noah", "Jordon", "James", "Kobe"]
list2=["Curry", "James", "Dulant", "Jordon"]
list3=list1+list2
list3 输出结果为：
['Noah', 'Jordon', 'James', 'Kobe', 'Curry', 'James', 'Dulant', 'Jordon']

# 列表复制
list1=["Curry", "James"]
list2=list1*3
list2 输出结果为：
["Curry", "James", "Curry", "James", "Curry", "James"]

# 列表修改
list1=["Noah", "Jordon", "James", "Kobe"]
list1[2]='LeBron James'

修改后 list1 输出结果为：

["Noah", "Jordon", " LeBron James ", "Kobe"]

# 判断某元素是否属于列表
list1=["Noah", "Jordon", "James", "Kobe"]
print("Curry 属于 list1 否？　", 'Curry' in list1)　　　#False
print("James 属于 list1 否？　", 'James' in list1)　　　#True

#1.len(listle)：计算列表元素个数
list1=["Noah", "Jordon", "James", "Kobe"]
print(" 列表 list1 的长度 =", len(list1))　　　#4
#2.max(listle)：返回列表中元素最大值
list1=["Noah", "Jordon", "James", "Kobe"]
print(" 列表 list1 的最大值 =", max(list1))　　　#Noah
#3.min(listle)：返回列表中元素最小值
list1=["Noah", "Jordon", "James", "Kobe"]
print(" 列表 list1 的最小值 =", min(list1))　　　#James

4.3.2　列表常用函数和方法

列表常用函数和方法分别如表 4-6 和表 4-7 所示。

表 4-6　列表常用函数

序　号	函　　数	功能描述
1	len(list)	列表元素个数
2	max(list)	返回列表元素最大值
3	min(list)	返回列表元素最小值
4	list(seq)	将序列转换为列表

表 4-7　列表常用方法

序　号	方　　法	功能描述
1	list.append(obj)	在列表末尾添加新的对象
2	list.count(obj)	统计某个元素在列表中出现的次数
3	list.extend(seq)	在列表末尾一次性追加另一个序列中的多个值（用新列表扩展原来的列表）
4	list.index(obj)	从列表中找出某个值第一个匹配项的索引位置
5	list.insert(index, obj)	将对象插入列表
6	list.pop([index=−1])	移除列表中的一个元素（默认最后一个元素），并且返回该元素的值
7	list.remove(obj)	移除列表中某个值的第一个匹配项
8	list.reverse()	反向列表中元素
9	list.sort(key=None, reverse=False)	对原列表进行排序
10	list.clear()	清空列表
11	list.copy()	复制列表

4.3.3　列表应用举例

【实例 4-6】

基本操作应用。

```
# 程序名称：PDA4301.py
# 功能：列表应用（基本操作）
#!/usr/bin/python
# -*- coding: UTF-8 -*-

def createList():
    #1. 列表创建
    print(" 列表创建 ..........................................")
    list1=[1, 2, 3, 4, 5]        # 赋值生成列表
```

```
        print ("list1=", list1)
        list2=[]        # 创建空列表
        list3=list('abcdef')       # 调用 list() 由字符串创建列表
        print ("list3=", list3)
        tup1=("Jordon", 1, "Kobe", 2, "James", 3)
        list4=list(tup1)       # 调用 list() 由元组列表创建列表
        print ("list4=", list4)
        set1={"Jordon", 1, "Kobe", 2, "James", 3}
        list5=list(set1)        # 调用 list() 由集合创建列表
        print ("list5=", list5)
        dict1={1: ' 费德勒 ', 2: ' 纳达尔 ', 3: ' 德约科维奇 ', 4: ' 桑普拉斯 '}
        list6=list(dict1)        # 调用 list() 由字典创建列表
        print ("list6=", list6)


def sliceList():
        #2. 列表截取
        print(" 列表截取演示 .....................................")
        list1=["Jordon", 1, "Kobe", 2, "James", 3]
        print ("list1[0]: ", list1[0])
        print ("list1[1:5]: ", list1[1:5])


def addList():
        #3. 列表运算符
        # 列表连接 +
        print(" 列表连接 ............................................")
        list1=["Noah", "Jordon", "James", "Kobe"]
        list2=["Curry", "James", "Dulant", "Jordon"]
        list3=list1+list2
        print("list1=", list1)
        print("list2=", list2)
        print("list1+list2=", list3)


def repeatList():
        # 列表复制
        print(" 列表复制 ............................................")
        list1=["Curry", "James"]
        list2=list1*3
        print("list1=", list1)
        print("list1*3=", list2)
```

```python
def updateList():
    # 列表修改
    print(" 列表修改 ...........................................")
    list1=["Noah", "Jordon", "James", "Kobe"]
    list1[2]='LeBron James'
    print("list1=", list1)

def inList():
    # 判断某元素是否属于列表
    print(" 判断某元素是否属于列表 ...........")
    list1=["Noah", "Jordon", "James", "Kobe"]
    print("Curry 属于 list1 否？  ", 'Curry' in list1)
    print("James 属于 list1 否？  ", 'James' in list1)

def mathList():
    #1.len(listle)：计算列表元素个数
    list1=["Noah", "Jordon", "James", "Kobe"]
    print(" 列表 list1=", list1)
    print(" 列表 list1 的长度 =", len(list1))
    #2.max(listle)：返回列表中元素最大值
    list1=["Noah", "Jordon", "James", "Kobe"]
    print(" 列表 list1=", list1)
    print(" 列表 list1 的最大值 =", max(list1))
    #3.min(listle)：返回列表中元素最小值
    list1=["Noah", "Jordon", "James", "Kobe"]
    print(" 列表 list1=", list1)
    print(" 列表 list1 的最小值 =", min(list1))

def main():
    createList()
    sliceList()
    addList()
    repeatList()
    updateList()
    inList()
    mathList()

main()
```

运行后输出结果为：

列表创建 ....

list1=[1, 2, 3, 4, 5]

list3=['a', 'b', 'c', 'd', 'e', 'f']

list4=['Jordon', 1, 'Kobe', 2, 'James', 3]

list5=[1, 2, 'James', 'Jordon', 3, 'Kobe']

list6=[1, 2, 3, 4]

列表截取演示 ....

list1[0]: Jordon

list1[1:5]: [1, 'Kobe', 2, 'James']

列表连接 ....

list1=['Noah', 'Jordon', 'James', 'Kobe']

list2=['Curry', 'James', 'Dulant', 'Jordon']

list1+list2=['Noah', 'Jordon', 'James', 'Kobe', 'Curry', 'James', 'Dulant', 'Jordon']

列表复制 ....

list1=['Curry', 'James']

list1*3=['Curry', 'James', 'Curry', 'James', 'Curry', 'James']

列表修改 ....

list1=['Noah', 'Jordon', 'LeBron James', 'Kobe']

判断某元素是否属于列表 ....

Curry 属于 list1 否？ False

James 属于 list1 否？ True

列表 list1=['Noah', 'Jordon', 'James', 'Kobe']

列表 list1 的长度 =4

列表 list1=['Noah', 'Jordon', 'James', 'Kobe']

列表 list1 的最大值 =Noah

列表 list1=['Noah', 'Jordon', 'James', 'Kobe']

列表 list1 的最小值 =James

【实例 4-7】

利用列表实现有序表的合并。

例如，两个有序表 LA 和 LB 分别为：

LA=[3，5，8，11]

LB=[2，6，8，9，11，15，20]

则，合并后的有序表 LA 为：

LC=[2，3，5，6，8，8，9，11，11，15，20]

```python
# 程序名称：PDA4302.py
# 功能：列表应用（有序表合并）
#!/usr/bin/python
# -*- coding: UTF-8 -*-

def mergeList(lista, listb):
    n=len(lista)
    m=len(listb)
    listc=lista+listb
    mn=n+m
    while (n>0 and m>0):
            if (lista[n-1]>=listb[m-1]):
                    listc[n+m-1]=lista[n-1]
                    n=n-1;
            else:
                    listc[n+m-1]=listb[m-1]
                    m=m-1
        # 以下将 LB 中仍未合并到 LA 中的元素合并到 LA
    while (m>0):
            listc[n+m-1]=listb[m-1]
            m=m-1
    return listc

def main():
    lista=[3, 5, 8, 11]
    listb=[2, 6, 8, 9, 11, 15, 20]
    listc=mergeList(lista, listb)
    print("lista=", lista)
    print("listb=", listb)
    print("listc=", listc)

main()
```

运行后输出结果为：

```
lista=[3, 5, 8, 11]
listb=[2, 6, 8, 9, 11, 15, 20]
listc=[2, 3, 5, 6, 8, 8, 9, 11, 11, 15, 20]
```

【实例 4-8】

字符串、列表、元组综合应用。实例所需数据见表 4-8。

表 4-8　实例 4-8 所需数据

学　　号	姓　　名	电　　话
196010111	王悦	158×××××9111
196010112	丁一	138×××××9111
196010113	秦梦	135×××××9111

```python
# 程序名称：PDA4303.py
# 功能：字符串、列表、元组综合应用
#coding=UTF-8
# 判断 ch 是不是汉字
def isChinese(ch):
    if ch >='\u4e00' and ch <='\u9fa5':
        return True
    else:
        return False


# 判断统计 str1 中字符个数，一个汉字算两个字符
def lenStr(str1):
    count=0
    for line in str1:
        if isChinese(line):
            count=count + 2
        else:
            count=count + 1
    return count
# 判断统计 str1 中汉字的个数
def countChinese(str1):
    count=0
    for line in str1:
        if isChinese(line):
            count=count + 1
    return count

def output1():
    n=int(input("n="))
    list1=[]
```

```
        i=1
        while(i<=n):
            stdno=input(" 学号 =")
            stdname=input(" 姓名 =")
            telephone=input(" 电话 =")
            list1.append((stdno, stdname, telephone))
            i=i+1
        tup1=tuple(list1)
        wid1=10
        wid2=12
        wid3=16

        tableH="┌"+"—"*wid1+"┬"+"—"*wid2+"┬"+"—"*wid3+"┐ "
        tableM="├"+"—"*wid1+"┼"+"—"*wid2+"┼"+"—"*wid3+"┤ "
        tableB="└"+"—"*wid1+"┴"+"—"*wid2+"┴"+"—"*wid3+"┘ "
        print(tableH)
        sf0="│%"+str(wid1-2)+"s│%"+str(wid2-2)+"s│%"+str(wid3-2)+"s│ "
        print(sf0%(" 学号 "," 姓名 "," 电话 "))
        #print(" │学号│姓名│电话│ ")
        for i in range(1, n+1):
            print(tableM)
            n1=countChinese(tup1[i-1][0])
            n2=countChinese(tup1[i-1][1])
            n3=countChinese(tup1[i-1][2])
            sf="│%"+str(wid1-n1)+"s│%"+str(wid2-n2)+"s│%"+str(wid3-n3)+"s│ "
            print(sf%tup1[i-1])

        print(tableB)

def main():
        output1()

main()
```

4.4　集合（set）

4.4.1　集合概述

集合（set）是一个无序的不重复元素序列。可以使用大括号 { } 或者 set() 函数创建集合。注意：创建一个空集合必须用 set() 而不是 { }，因为 { } 用来创建一个空字典。

1. 集合创建

集合可赋值创建，也可以调用函数 set() 由列表、元组、字符串等创建。集合可以为空，但空集合不能通过"set1={}"形式创建，只能通过"set1=set()"来创建。"set1={}"形式创建的是空字典。

```
#1. 创建集合
set1={1, 2, 5, 6, 7}        # 赋值生成一个集合
set2=set()     #set() 方法创建空集合
set3=set('abcdef')      # 调用 set() 方法由字符串创建集合 {'a', 'b', 'c', 'd', 'e', 'f'}
list1={"Noah", "Jordon", "James", "Kobe"}
set4=set(list1)      # 调用 set() 方法由列表创建集合 {"Noah", "Jordon", "James", "Kobe"}
tup1=("Noah", "Jordon", "James", "Kobe")
set5=set(tup1)      # 调用 set() 方法由元组创建集合 {"Noah", "Jordon", "James", "Kobe"}
dict1={1: ' 费德勒 ', 2: ' 纳达尔 ', 3: ' 德约科维奇 ', 4: ' 桑普拉斯 '}
set6=set(dict1)      # 由字典创建集合 {1, 2, 3, 4}
```

2. 集合添加和删除

s.add() 方法可向集合 s 中添加元素。s.pop() 可随机删除一个元素，s.remove() 和 s.discard() 可删除指定元素，s.remove() 在删除不存在的元素时会报错（KeyError 错误），s.discard() 在删除不存在的元素时不会报错。

```
#2. 向集合中添加一个元素
set1=set()      #set() 方法创建空集合
set1.add(4)
set1.add(5)
set1.add(6)
print("set1=", set1)
#3. 删除元素
# 随机删除 s.pop()
set1={"Jordon", 1, "Kobe", 2, "James", 3}
set2=set1.pop()      # 随机删除

# 指定删除 1，删除不存在的元素会报错 s.remove()
set1={"Jordon", 1, "Kobe", 2, "James", 3}
set1.remove(1)
#set1.remove("1")      #KeyError: 'da' 删除不存在的元素会报错

# 指定删除 2，删除不存在的元素不会报错 s.discard()
set1={"Jordon", 1, "Kobe", 2, "James", 3}
```

```
set1.discard("Kobe")
set1.discard("da")        # 删除不存在的元素不会报错
```

3. Python 中集合操作符号与数学符号

表 4-9 给出了 Python 中集合操作符号与数学符号的对应关系。

表 4-9　集合操作符号与数学符号的对应关系

数学符号	Python 符号	含　义
– 或 \	–	差集、相对补集
∩	&	交集
∪	|	合集、并集
≠	!=	不等于
=	==	等于
∈	in	是成员关系
∉	not in	不是成员关系
	^	对称差集

```
#4. 集合的交集 &，s.intersection()
set1={"Noah", "Jordon", "James", "Kobe"}
set2={"Curry", "James", "Dulant", "Jordon"}
set12s=set1&set2        # 符号方法求交集
set12m=set1.intersection(set2)        # 函数方法求交集
set12s、set12m 结果为：
{"James", "Jordon"}
#5. 集合的并集 |，s. union()
set1={"Noah", "Jordon", "James", "Kobe"}
set2={"Curry", "James", "Dulant", "Jordon"}
set12s=set1|set2        # 符号方法求并集
set12m=set1.union(set2)        # 函数方法求并集
set12s、set12m 结果为：
{"Noah", "Jordon", "James", "Kobe", "Curry", "Dulant"}

#6. 集合的差集 –，s1.difference(s2) 将集合 s1 去掉和 s2 交集的部分
set1={"Noah", "Jordon", "James", "Kobe"}
set2={"Curry", "James", "Dulant", "Jordon"}
set12s=set1–set2        # 符号方法求差集
set12m=set1.difference(set2)        # 函数方法求差集
set12s、set12m 结果为：
{'Noah', 'Kobe'}
```

#7. 集合的交叉补集，s.symmetric_difference() 将并集去掉交集的部分

set1={"Noah", "Jordon", "James", "Kobe"}

set2={"Curry", "James", "Dulant", "Jordon"}

set12=set1.symmetric_difference(set2)

set12 结果为：

{"Noah", "Kobe"}

#8. 集合包含关系

set1={"Noah", "Jordon", "James", "Kobe"}

set2={"Curry", "James", "Dulant", "Jordon"}

set3={"James", "Jordon"}

print("set1 包含 set2 否？ ", set2.issubset(set1))　　　#False

print("set1 包含 set3 否？ ", set3.issubset(set1))　　　#True

4.4.2　集合常用函数和方法

集合常用函数和方法如表 4-10 所示。

表 4-10　集合常用函数和方法

函数和方法	描　　　　述
add()	为集合添加元素
clear()	移除集合中的所有元素
copy()	复制一个集合
difference()	返回多个集合的差集
difference_update()	移除集合中的元素，该元素在指定的集合也存在
discard()	删除集合中指定的元素
intersection()	返回集合的交集
intersection_update()	删除集合中的元素，该元素在指定的集合中不存在
isdisjoint()	判断两个集合是否包含相同的元素，如果没有返回 True，否则返回 False
issubset()	判断指定集合是否为该方法参数集合的子集
issuperset()	判断该方法的参数集合是否为指定集合的子集
pop()	随机移除元素
remove()	移除指定元素
symmetric_difference()	返回两个集合中不重复的元素集合
symmetric_difference_update()	移除当前集合中与另外一个指定集合相同的元素，并将另外一个指定集合中不同的元素插入当前集合中
union()	返回两个集合的并集
update()	给集合添加元素

4.4.3 集合应用举例

【实例 4-9】

```python
# 程序名称：PDA4401.py
# 功能：集合
#!/usr/bin/python
# -*- coding: UTF-8 -*-


#1. 集合创建
def createSet():
    print(" 集合创建 ............................................")
    set1={1, 2, 5, 6, 7}        # 复制生成一个集合
    set2=set()       #set() 方法创建空集合
    set3=set('abcdef')        # 调用 set() 方法由字符串创建集合
    list1={"Noah", "Jordon", "James", "Kobe"}
    set4=set(list1)        # 调用 set() 方法由列表创建集合
    tup1=("Noah", "Jordon", "James", "Kobe")
    set5=set(tup1)        # 调用 set() 方法由元组创建集合
    dict1={1: ' 费德勒 ', 2: ' 纳达尔 ', 3: ' 德约科维奇 ', 4: ' 桑普拉斯 '}
    set6=set(dict1)         # 调用 set() 方法由字典创建集合
    print("set1=", set1)
    print("set2=", set2)
    print("set3=", set3)
    print("set4=", set4)
    print("set5=", set5)
    print("set6=", set6)


#2. 向集合中添加一个元素
def addSet():
    set1=set()       #set() 方法创建空集合
    set1.add(4)
    set1.add(5)
    set1.add(6)
    print("set1=", set1)
#3. 删除元素
def deleteSet():
    # 随机删除 s.pop()
    set1={"Jordon", 1, "Kobe", 2, "James", 3}
    print(" 删除运算 s.pop()............................................")
```

```python
        print(" 删除前 set1=", set1)
        set2=set1.pop()        # 随机删除
        print(" 删除后 set1=", set1)
        print(" 删除后 set2=", set2)


        # 指定删除 1，删除不存在的元素会报错 s.remove()
        set1={"Jordon", 1, "Kobe", 2, "James", 3}
        print(" 删除运算 s.remove().............................................")
        print(" 删除前 set1=", set1)
        set1.remove(1)
        #set1.remove("1")        #KeyError: 'da' 删除不存在的元素会报错
        print(" 删除后 set1=", set1)


        # 指定删除 2，删除不存在的元素不会报错 s.discard()
        set1={"Jordon", 1, "Kobe", 2, "James", 3}
        print(" 删除运算 s.discard()...........................................")
        print(" 删除前 set1=", set1)
        set1.discard("Kobe")
        set1.discard("da")        # 删除不存在的元素不会报错
        print(" 删除后 set1=", set1)

def operateSet():
    #4. 集合的交集 &，s.intersection()
    set1={"Noah", "Jordon", "James", "Kobe"}
    set2={"Curry", "James", "Dulant", "Jordon"}
    set12s=set1&set2        # 符号方法求交集
    set12m=set1.intersection(set2)        # 函数方法求交集
    print(" 交集运算 ...........................................................")
    print("set1=", set1)
    print("set2=", set2)
    print(" 符号运算：set1 ∩ set2=", set12s)
    print(" 函数运算：set1 ∩ set2=", set12m)

#5. 集合的并集 |，s. union()
set1={"Noah", "Jordon", "James", "Kobe"}
set2={"Curry", "James", "Dulant", "Jordon"}
set12s=set1|set2    # 符号方法求并集
set12m=set1.union(set2)        # 函数方法求并集
print(" 并集运算 ...........................................................")
```

```python
print("set1=", set1)
print("set2=", set2)
print(" 符号运算：set1 ∪ set2=", set12s)
print(" 函数运算：set1 ∪ set2=", set12m)


#6. 集合的差集 -，s1.difference(s2) 将集合 s1 去掉和 s2 交集的部分
set1={"Noah", "Jordon", "James", "Kobe"}
set2={"Curry", "James", "Dulant", "Jordon"}
set12s=set1-set2        # 符号方法求交集
set12m=set1.difference(set2)        # 函数方法求交集
print(" 差集运算 ...............................................")
print("set1=", set1)
print("set2=", set2)
print(" 符号运算：set1 - set2=", set12s)
print(" 函数运算：set1 - set2=", set12m)


#7. 集合的交叉补集，s.symmetric_difference() 将并集去掉交集的部分
set1={"Noah", "Jordon", "James", "Kobe"}
set2={"Curry", "James", "Dulant", "Jordon"}
set12=set1.symmetric_difference(set2)
print(" 交叉补集运算 ...............................................")
print("set1=", set1)
print("set2=", set2)
print("set1 和 set2 交叉补集：=", set12s)


def issubsetTest():
    #8. 集合包含关系
    set1={"Noah", "Jordon", "James", "Kobe"}
    set2={"Curry", "James", "Dulant", "Jordon"}
    set3={"James", "Jordon"}

    print(" 集合包含关系 ...............................................")
    print("set1=", set1)
    print("set2=", set2)
    print("set1 包含 set2 否？ ", set2.issubset(set1))

    print("set1=", set1)
    print("set3=", set3)
    print("set1 包含 set3 否？ ", set3.issubset(set1))
```

```
def main():
    createSet()
    addSet()
    deleteSet()
    operateSet()
    issubsetTest()


main()
```

运行后输出结果：

集合创建 ....
set1={1, 2, 5, 6, 7}
set2=set()
set3={'a', 'e', 'c', 'd', 'f', 'b'}
set4={'Kobe', 'James', 'Jordon', 'Noah'}
set5={'Kobe', 'James', 'Jordon', 'Noah'}
set1={4, 5, 6}
删除运算 s.pop()..
删除前 set1={1, 2, 3, 'James', 'Jordon', 'Kobe'}
删除后 set1={2, 3, 'James', 'Jordon', 'Kobe'}
删除后 set2=1
删除运算 s.remove()...
删除前 set1={1, 2, 3, 'James', 'Jordon', 'Kobe'}
删除后 set1={2, 3, 'James', 'Jordon', 'Kobe'}
删除运算 s.discard()..
删除前 set1={1, 2, 3, 'James', 'Jordon', 'Kobe'}
删除后 set1={1, 2, 3, 'James', 'Jordon'}
交集运算 ....
set1={'Noah', 'James', 'Kobe', 'Jordon'}
set2={'Dulant', 'James', 'Curry', 'Jordon'}
符号运算：set1 ∩ set2={'James', 'Jordon'}
函数运算：set1 ∩ set2={'James', 'Jordon'}
并集运算 ....
set1={'Noah', 'James', 'Kobe', 'Jordon'}
set2={'Dulant', 'James', 'Curry', 'Jordon'}
符号运算：set1 ∪ set2={'Dulant', 'James', 'Jordon', 'Noah', 'Kobe', 'Curry'}
函数运算：set1 ∪ set2={'Dulant', 'James', 'Jordon', 'Noah', 'Kobe', 'Curry'}
差集运算 ....

set1={'Noah', 'James', 'Kobe', 'Jordon'}

set2={'Dulant', 'James', 'Curry', 'Jordon'}

符号运算：set1 – set2={'Noah', 'Kobe'}

函数运算：set1 – set2={'Noah', 'Kobe'}

交叉补集运算 ....

set1={'Noah', 'James', 'Kobe', 'Jordon'}

set2={'Dulant', 'James', 'Curry', 'Jordon'}

set1 和 set2 交叉补集：={'Noah', 'Kobe'}

集合包含关系 ....

set1={'Noah', 'James', 'Kobe', 'Jordon'}

set2={'Dulant', 'James', 'Curry', 'Jordon'}

set1 包含 set2 否？ False

set1={'Noah', 'James', 'Kobe', 'Jordon'}

set3={'James', 'Jordon'}

set1 包含 set3 否？ True

4.5　字典（dictionary）

4.5.1　字典概述

字典（dictionary）是一个无序的键（key）-值（value）对的集合，由大括号｛｝标识。字典元素通过键（key）来存取，而不是通过索引存取的。键（key）必须使用不可变类型，一个字典中键（key）的类型可以不同，但键的值不能相同。值（value）的类型可以是任何数据类型，一个字典中值（value）的类型可以不同。

d={key1 : value1, key2 : value2 }

键必须是唯一的，但值则不必。

值可以取任何数据类型，但键必须是不可变类型，如字符串、数字或元组。

1. 创建字典

通过赋值创建字典。例如：

dict1={'1': 'Jordon', '2': 'Kobe', '3': 'James'}

dict2={1: ' 费德勒 ', 2: ' 纳达尔 ', 3: ' 德约科维奇 ', 4: ' 桑普拉斯 '}

也可以先创建一个空字典，然后逐一添加元素。例如：

dict3={}

dict3["1"]=" 猕猴桃 "

dict3["2"]=" 甘庶 "

dict3["3"]=" 菠萝 "

dict3["4"]=" 山竹 "

2. 访问字典里的值

访问字典里的值的格式为：

字典对象 [key]

例如：

```
dict1={'1': 'Jordon', '2': 'Kobe', '3': 'James'}
print ("dict1['1']: ", dict1['1'])
```

如果用字典里没有的键访问数据，会输出错误，如下：

```
#print ("dict1['4']: ", dict1['4'])
```

以上实例输出结果：

```
Traceback (most recent call last):
    File "PDA4501.py", line 5, in <module>
        print ("dict1['4']: ", dict1['4'])
KeyError: '4'
```

3. 修改字典

向字典添加新内容的方法是增加新的键 – 值对，修改或删除已有键 – 值对。
例如：

```
dict1={'1': 'Jordon', '2': 'Kobe', '3': 'James'}
dict1['3']='LeBron James'        # 更新 '3'
dict1['4']="Dulant"        # 添加信息
dict1['5']="Curry"        # 添加信息
```

4. 删除字典

使用 del 命令可删除单一的元素，也能清空字典。
例如：

```
dict1={'1': 'Jordon', '2': 'Kobe', '3': 'James'}
del dict1['2']        # 删除键 '2'
dict1.clear()        # 清空字典
del dict1        # 删除字典
```

但这会引发一个异常（因为执行 del 操作后字典不再存在）：

```
Traceback (most recent call last):
    File "test.py", line 9, in <module>
        print ("dict['Age']: ", dict['Age'])
TypeError: 'type' object is not subscriptable
```

4.5.2 字典常用函数和方法

字典常用函数和方法分别如表 4-11 和表 4-12 所示。

表 4-11　字典常用函数

函　　数	功　　能
len(dict)	计算字典元素个数，即键的总数
str(dict)	输出字典，以可打印的字符串表示
type(variable)	返回输入的变量类型，如果变量是字典就返回字典类型

表 4-12　字典常用方法

方　　法	功　　能
radiansdict.clear()	删除字典内所有元素
radiansdict.copy()	返回一个字典的浅复制
radiansdict.fromkeys()	创建一个新字典
radiansdict.get(key, default=None)	返回指定键的值，如果值不在字典中，则返回 default 值
key in dict	如果键在字典（dict）里，则返回 True；否则，返回 False
radiansdict.items()	以列表返回可遍历的（键，值）元组数组
radiansdict.keys()	返回一个迭代器，可以使用 list() 转换为列表
radiansdict.setdefault(key, default=None)	和 get() 类似，但如果键不存在于字典中，将会添加键并将值设为 default
radiansdict.update(dict2)	把字典 dict2 的键 – 值对更新到字典里
radiansdict.values()	返回一个迭代器，可以使用 list() 转换为列表
pop(key[, default])	删除字典给定键 key 所对应的值，返回值为被删除的值。key 值必须给出。否则，返回 default 值
popitem()	随机返回并删除字典中的一个键 – 值对（一般删除末尾对）

4.5.3 字典应用举例

【实例 4-10】

```
# 程序名称：PDA4501.py
# 功能：字典应用之一
#!/usr/bin/python
# –*– coding: UTF–8 –*–

#1. 创建字典
def createDict():
```

```
    print(' 创建字典 ')
    dict1={'1': 'Jordon', '2': 'Kobe', '3': 'James'}
    dict2={1: ' 费德勒 ', 2: ' 纳达尔 ', 3: ' 德约科维奇 ', 4: ' 桑普拉斯 '}
    print("dict1=", dict1)
    print("dict2=", dict2)
```

#2. 访问字典里的值

```
    def visitDict():
    print(' 访问字典里的值 ')
    dict1={'1': 'Jordon', '2': 'Kobe', '3': 'James'}
    print("dict1=", dict1)
    print ("dict1['1']: ", dict1['1'])
    dict2={1: ' 费德勒 ', 2: ' 纳达尔 ', 3: ' 德约科维奇 ', 4: ' 桑普拉斯 '}
    print("dict2=", dict2)
    print ("dict2[1]: ", dict2[1])
    # 如果用字典里没有的键访问数据，会输出错误，如下所示：
    #print ("dict1['4']: ", dict1['4'])
    '''
```

以上实例输出结果：

```
Traceback (most recent call last):
  File "PDA4501.py", line 5, in <module>
    print ("dict1['4']: ", dict1['4'])
KeyError: '4'
'''
```

#3. 修改字典

```
def updateDict():
    print(' 修改字典 ')
    # 向字典添加新内容的方法是增加新的键 – 值对，修改或删除已有键 – 值对实例如下：
    dict1={'1': 'Jordon', '2': 'Kobe', '3': 'James'}
    dict1['3']='LeBron James'        # 更新 '3'
    dict1['4']="Dulant"              # 添加信息
    dict1['5']="Curry"             # 添加信息
    print ("dict1=: ", dict1)
```

#4. 删除字典元素
能删除单一的元素，也能清空字典，清空只需一项操作
删除一个字典用 del 命令，实例如下：

```
def deleteDict():
    print(' 删除字典 ')
```

```
        dict1={'1': 'Jordon', '2': 'Kobe', '3': 'James'}
        print("dict1=", dict1)
        del dict1['2']        # 删除键 '2'
        print ("dict1=: ", dict1)
        dict1.clear()         # 清空字典
        print ("dict1=: ", dict1)
        del dict1        # 删除字典
        '''
```

但这会引发一个异常，因为执行 del 操作后字典不再存在：

```
Traceback (most recent call last):
 File "test.py", line 9, in <module>
        print ("dict['Age']: ", dict['Age'])
TypeError: 'type' object is not subscriptable
'''

def main():
        createDict()
        visitDict()
        updateDict()
        deleteDict()


main()
```

运行后输出结果为：

创建字典

```
dict1={'1': 'Jordon', '2': 'Kobe', '3': 'James'}
dict2={1: ' 费德勒 ', 2: ' 纳达尔 ', 3: ' 德约科维奇 ', 4: ' 桑普拉斯 '}
```

访问字典里的值

```
dict1={'1': 'Jordon', '2': 'Kobe', '3': 'James'}
dict1['1']:  Jordon
dict2={1: ' 费德勒 ', 2: ' 纳达尔 ', 3: ' 德约科维奇 ', 4: ' 桑普拉斯 '}
dict2[1]: 费德勒
```

修改字典

```
dict1=:  {'1': 'Jordon', '2': 'Kobe', '3': 'LeBron James', '4': 'Dulant', '5': 'Curry'}
```

删除字典

```
dict1={'1': 'Jordon', '2': 'Kobe', '3': 'James'}
dict1=:  {'1': 'Jordon', '3': 'James'}
dict1=:  {}
```

4.6　栈和队列

4.6.1　栈和队列概述

1. 栈概述

栈（stack）是一种操作受限的线性表，它只允许在一端进行插入和删除。通常，将栈中只允许进行插入和删除的一端称为栈顶（top），而将另一端称为栈底（bottom），如图 4-4 所示。

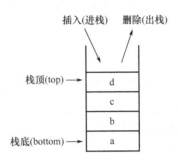

图 4-4　栈的示意图

一般将向栈中插入数据元素的操作称为入栈（push），而从栈中删除数据元素的操作称为出栈（pop）。当栈中无数据元素时，称为空栈。

根据栈的定义可知，栈顶元素总是最后入栈，最先出栈；栈底元素总是最先入栈，最后出栈。因此，栈是按照后进先出（last in first out，LIFO）的原则组织数据的，是一种"后进先出"的线性表。

在现实生活中，很多现象具有栈的特点。例如，在建筑工地上，工人师傅从底往上一层一层地堆放砖；在使用时，将从最上往下一层一层地拿取。

栈在计算机语言中有着非常广泛的用途，例如子例程的调用和返回序列都服从栈协议，算术表达式的求值都是通过对栈的操作序列来实现的，很多手持计算器都是用栈方式来操作的。

2. 队列概述

队列（queue）也是一种操作受限的线性表，它只允许在一端进行插入和在另一端进行删除。在队列中只允许进行插入的一端称为队尾（rear），只允许进行删除的一端称为队头（front），如图 4-5 所示。

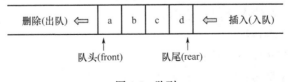

图 4-5　队列

通常，将往队列中插入数据元素的操作称为入队（enqueue），而从队列中删除数据元素的操作称为出队（dequeue）。当队列中无数据元素时，称为空队列。

从队列的定义可知，队列头部元素总是最先入队，最先出队；队列尾部元素总是最后入队，最后出队。因此，队列是按照先进先出（first in first out，FIFO）的原则组织数据的，是一种"先进先出"的线性表。

在现实生活中，很多现象具有队列的特点。例如，在银行等待服务或在电影院门口等待买票的一队人，在红灯前等待通行的一长串汽车，都是队列的例子。

队列在计算机语言中有着非常重要的用途，例如，在多用户分时操作系统中，等待访问磁盘驱动器的多个输入/输出（I/O）请求就是一个队列。计算机等待运行的作业也形成一个队列，计算机将按照作业和 I/O 请求到达的先后次序进行服务，也就是按先进先出的次序服务。

4.6.2　deque 常用函数

collections 是 Python 内建的一个集合模块，里面封装了许多集合类，其中与队列相关的集合只有一个：deque。deque 是双边队列（double-ended queue），具有队列和栈的性质，在列表（list）的基础上增加了移动、旋转和增删等。

队列常用方法如下：

```
d=collections.deque([])
d.append('a')          # 在最右边添加一个元素，此时 d=deque('a')
d.appendleft('b')       # 在最左边添加一个元素，此时 d=deque(['b', 'a'])
d.extend(['c', 'd'])     # 在最右边添加所有元素，此时 d=deque(['b', 'a', 'c', 'd'])
d.extendleft(['e', 'f'])   # 在最左边添加所有元素，此时 d=deque(['f', 'e', 'b', 'a', 'c', 'd'])
d.pop()        # 将最右边的元素取出，返回 'd'，此时 d=deque(['f', 'e', 'b', 'a', 'c'])
d.popleft()      # 将最左边的元素取出，返回 'f'，此时 d=deque(['e', 'b', 'a', 'c'])
d.rotate(-2)       # 向左旋转两个位置（正数则向右旋转），此时 d=deque(['a', 'c', 'e', 'b'])
d.count('a')      # 返回队列中 'a' 的个数
d.remove('c')      # 从队列中将 'c' 删除，此时 d=deque(['a', 'e', 'b'])
d.reverse()       # 将队列倒序，此时 d=deque(['b', 'e', 'a'])
```

4.6.3　应用举例

【实例 4-11】

本实例编写程序判别表达式括号是否正确匹配。

假设在一个算术表达式中，可以包含 3 种括号：圆括号（）、方括号 []、花括号 {}，并且这 3 种括号可以按任意的次序嵌套使用。

括号不匹配共有 3 种情况：

（1）左右括号匹配次序不正确；

（2）右括号多于左括号；

（3）左括号多于右括号。

分析：算术表达式中右括号和左括号匹配的次序是后到的括号要最先被匹配，这点正好与栈的"后进先出"特点相符合，因此可以借助一个栈来判断表达式中括号是否匹配。

基本思路是：将算术表达式看作由一个个字符组成的字符串，依次扫描串中每个字符，每当遇到左括号时让该括号进栈，每当扫描到右括号时，比较其与栈顶括号是否匹配，若匹配，则将栈顶括号（左括号）出栈继续进行扫描；若栈顶括号（左括号）与当前扫描的括号（右括号）不匹配，则表明左右括号匹配次序不正确，返回不匹配信息；若栈已空，则表明右括号多于左括号，返回不匹配信息。字符串循环扫描结束时，若栈非空，则表明左括号多于右括号，返回不匹配信息；否则，左右括号匹配正确，返回匹配信息。

```python
# 程序名称：PDA4601.py
# 功能：栈的应用（表达式括号匹配）
#!/usr/bin/python
# -*- coding: UTF-8 -*-

def isLeftBracket(ch):
    if ch in ('(', '[', '{'):        return True
    else:        return False

def isRightBracket(ch):
    if ch in (')', ']', '}'):        return True
    else:        return False

def toLeftBracket(ch):
    dict1={')':'(', ']':'[', '}':'{'}
    return dict1[ch]

# 功能：检查表达式中括号是否匹配
# exprs 为表达式对应的字符串
# 不匹配的情形有以下 3 种
# 情形 1：左右括号配对次序不正确
# 情形 2：右括号多于左括号
# 情形 3：左括号多于右括号
def checkMatch(exprs):
    i=0
    import collections
    stk=collections.deque([])
    while (i<len(exprs)):
            ch=exprs[i:i+1]
            i=i+1
            if(isLeftBracket(ch)) : stk.append(ch)
            if(isRightBracket(ch)):
```

```
            ch1=toLeftBracket(ch)
            if (len(stk)==0):
                return False;        # 情形 2
            else:
                ch=stk.pop()
                if (ch!=ch1): return False;        # 情形 1
        if (len(stk)==0): return True
        else: return False        # 情形 3


#exprs='(a+b)*c'
exprs='[(a+b])*c'
print(checkMatch(exprs))
```

【实例 4-12】

打印二项展开式 $(a+b)^n$ 的系数。

二项式 $(a+b)^n$ 展开后其系数构成杨辉三角形，如图 4-6 所示。

```
            1                     i=0
          1   1                   i=1
        1   2   1                 i=2
      1   3   3   1               i=3
    1   4   6   4   1             i=4
  1   5  10  10   5   1           i=5
```

杨辉三角形的每行元素具有以下特点：

（1）每行两端元素为 1，i ＝ 0 时，两端重叠。

（2）第 i 行中非端点元素等于第 i–1 行对应的"肩头"元素之和。

图 4-6　杨辉三角形

基于上述特点，可以利用循环队列来打印杨辉三角形。

基本思路：在循环队列中依次存放第 i–1 行数据元素，然后逐个输出，同时生成第 i 行对应的数据元素并入队。

图 4-7 显示了在输出杨辉三角形过程中队列的状态。

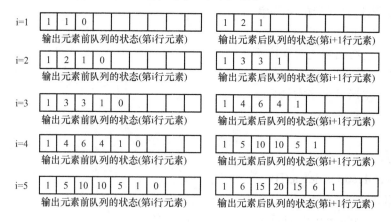

图 4-7　队列状态

程序如下：

```python
# 程序名称：PDA4602.py
# 功能：利用队列打印二项式系数
#!/usr/bin/python
# -*- coding: UTF-8 -*-
def printBipoly(n):
    e1=0
    e2=0
    import collections
    que=collections.deque([])
    que.append(1)
    que.append(1)
    print(" ", end="")
    for k in range(2*n+1): print(" ", end="")
    #printf(str(1), 3)
    print("{:3d}".format(1), end="")
    print("")
    for i in range(1, n+1):
        print(" ", end="")
        for k in range(2*n-i+1): print(" ", end="")
        que.append(1);
        for k in range(1, i+3):
                e1=que.popleft()
                que.append(e1+e2)
                e2=e1
                if(k!=(i+2)) :print("{:3d}".format(e2), end="")
        print("")

printBipoly(5)
```

4.7　本章小结

本章主要介绍了 Python 语言中常见的数据结构（字符串、元组、列表、集合、字典、栈和队列）的含义、常见操作和函数，并举例说明如何应用。

4.8　思考和练习

1. 已知字符串 s="This-is-an-example！　"，请写出以下结果。

s[::-1]

s[4::2]

s[:]

s[3:−5:3]

s[::]

s[3:−5:−1]

2. 已知 List1=[[1, 2, 3], [4, 5], [6, 7, 8]]，写出以下结果。

List1[1]

List1[0][1]

List1[1][1]

List1[2][2]

List1[2][0]

3. 已知元组 tup1=(1, [2, 3, 4], 5, "T-am-Tuple！")，写出执行下列语句后的结果。

tup1[1]

tup1[1][2]

tup1[3][1:3]

4. 已知元组 tup1=(1, [2, 3, 4], 5, "T-am-Tuple！")，写出以下结果，并解释为什么。

tup1=(1, [2, 3, 4], 5, "T-am-Tuple！")

tup1[1][1]=33

print("tup1=", tup1)

5. 已知集合 set1={13, 9, 14, 6, 19, 11, 16}，set2={9, 12, 14, 5, 16, 11, 20}，求两者的交集、并集、补集。

6. 专家指出月份，与水果的成熟期具有如表 4-13 所示的对应关系，请建立字典并编程，实现输入月份后输出对应的水果名称。

表 4-13　月份与水果对应关系

key	value
1	猕猴桃
2	甘蔗
3	菠萝
4	山竹
5	草莓
6	樱桃
7	桃子
8	西瓜
9	葡萄
10	白梨
11	苹果
12	橘子

7. 请利用栈实现将十进制数 N 转换为 d 进制数，要求不能利用 Python 内置函数。

8. 请利用队列实现以下集合划分功能。

已知集合 A={a_1, a_2, ···, a_n} 及集合上的关系 R={<a_i, a_j>|, a_i, a_j ∈ A}，其中 <a_i, a_j> 表示 a_i 与 a_j 间存在冲突关系。要求将 A 划分成互不相交的子集 A_1, A_2, ···, A_k，使任何子集中的元素均无冲突关系，同时要求子集个数尽可能少。

第 5 章　迭代器与生成器

本章的学习目标：
- 理解迭代器的含义及作用
- 掌握迭代器的应用
- 理解生成器的含义及作用
- 掌握生成器的应用

迭代是 Python 最强大的功能之一，是访问容器元素的一种方式。迭代器对象从容器的第一个元素开始访问，直到所有的元素被访问完。迭代器只能往前不会退后。字符串、列表或元组对象都可用于创建迭代器。在 Python 中，使用 yield 的函数被称为生成器（generator）。生成器是一个返回迭代器的函数，只能用于迭代操作，生成器是一个迭代器。

5.1　迭代器

5.1.1　迭代器概述

1. 迭代的含义

迭代是 Python 最强大的功能之一，是访问集合元素的一种方式。对 list、tuple、str 等类型的数据，可使用 for…in…循环从其中依次取数据，将这样的过程称为遍历，也叫迭代。

2. 可迭代（iterable）对象

可迭代对象是可以直接作用于 for 循环的对象的统称，包括序列对象（如列表、元组和字符串）和可迭代的非序列对象（如集合、字典、文件和生成器等）。

可以使用 isinstance() 判断一个对象是否是可迭代对象。

【实例 5-1】

```
# 程序名称：PDA5101.py
# 功能：可迭代对象判断
#!/usr/bin/python
# -*- coding: UTF-8 -*-
from collections.abc    import Iterable
def isIterable():
    print(" 字符串是可迭代对象否？ ", isinstance('abc', Iterable))
    list1=[1, 2, 3]
    print(" 列表是可迭代对象否？ ", isinstance(list1, Iterable))
```

```
tup1=(1, 2, 3)
print(" 元组是可迭代对象否？  ", isinstance(tup1, Iterable))
set1={1, 2, 3}
print(" 集合是可迭代对象否？  ", isinstance(set1, Iterable))
dict1={'1': 'Jordon', '2': 'Kobe', '3': 'James'}
print(" 字典是可迭代对象否？  ", isinstance(dict1, Iterable))
g=(x for x in range(10))
# 注意（x for x in range(10)）为一个生成器，因为由列表生成式 [] 改成了 ()
print(" 生成器是可迭代对象否？  ", isinstance(g, Iterable))
fname="abc.txt"
print(" 文件是可迭代对象否？  ", isinstance(fname, Iterable))
print(" 数字是可迭代对象否？  ", isinstance(100, Iterable))


def visitIterable():
    s1="abc"
    print(" 遍历输出字符串元素 ")
    for e in s1:
        print(e, end=" ")
    print("")
    list1=[1, 2, 3]
    print(" 遍历输出列表元素 ")
    for e in list1:
        print(e, end=" ")
    print("")
    tup1=(1, 2, 3)
    print(" 遍历输出元组元素 ")
    for e in tup1:
        print(e, end=" ")
    print("")
    set1={1, 2, 3}
    print(" 遍历输出集合元素 ")
    for e in set1:
        print(e, end=" ")
    print("")
    dict1={'1': 'Jordon', '2': 'Kobe', '3': 'James'}
    print(" 遍历输出字典元素 ")
    for e in dict1:
        print(e, end=" ")
    print("")
```

```
        fname="abc.txt"
        fp=open(fname)
        print(" 遍历输出文件内容 ")
        for e in fp:
                print(e, end="")
        fp.close()

def main():
        isIterable()
        visitIterable()

main()
```

运行后输出结果为：

字符串是可迭代对象否？ True
列表是可迭代对象否？ True
元组是可迭代对象否？ True
集合是可迭代对象否？ True
字典是可迭代对象否？ True
生成器是可迭代对象否？ True
文件是可迭代对象否？ True
数字是可迭代对象否？ False
遍历输出字符串元素
a b c
遍历输出列表元素
1 2 3
遍历输出元组元素
1 2 3
遍历输出集合元素
1 2 3
遍历输出字典元素
1 2 3
遍历输出文件内容
第 1 行
第 2 行
第 3 行
etc

3. 迭代器（iterator）

迭代器是一个带状态的对象，它能在调用 next() 方法的时候返回集合中的下一个值，任何实现了 __iter__ 和 __next__() 方法的对象都是迭代器，__iter__ 返回迭代器自身，__next__ 返回容器中的下一个值，如果集合中没有更多元素了，则抛出 StopIteration 异常。

迭代器是一个可以记住遍历的位置的对象。迭代器对象从集合的第一个元素开始访问，直到所有的元素被访问完。迭代器只能往前不会退后。

可以使用 isinstance() 判断一个对象是否是迭代器对象。

【实例 5-2】

```python
# 程序名称：PDA5102.py
# 功能：迭代器对象判断
#!/usr/bin/python
# -*- coding: UTF-8 -*-
from collections.abc  import Iterator
def isIterator():
    s1='abc'
    print(" 字符串是迭代器对象否？ ", isinstance(s1, Iterator))
    list1=[1, 2, 3]
    print(" 列表是迭代器对象否？ ", isinstance(list1, Iterator))
    tup1=(1, 2, 3)
    print(" 元组是迭代器对象否？ ", isinstance(tup1, Iterator))
    set1={1, 2, 3}
    print(" 集合是迭代器对象否？ ", isinstance(set1, Iterator))
    dict1={'1': 'Jordon', '2': 'Kobe', '3': 'James'}
    print(" 字典是迭代器对象否？ ", isinstance(dict1, Iterator))
    g=(x for x in range(10))
    # 注意（x for x in range(10)）为一个生成器，因为由列表生成式 [] 改成了 ()
    print(" 生成器是迭代器对象否？ ", isinstance(g, Iterator))
    fname="abc.txt"
    print(" 文件是迭代器对象否？ ", isinstance(fname, Iterator))
    print(" 数字是迭代器对象否？ ", isinstance(100, Iterator))
def main():
    isIterator()


main()
```

输出结果：

字符串是迭代器对象否？ False
列表是迭代器对象否？ False

元组是迭代器对象否？　False
集合是迭代器对象否？　False
字典是迭代器对象否？　False
生成器是迭代器对象否？　True
文件是迭代器对象否？　False
数字是迭代器对象否？　False

4. 迭代器的函数

迭代器有两个基本函数：iter() 和 next()。

iter(iterable)：从可迭代对象中返回一个迭代器，iterable 必须是能提供一个迭代器的对象。

next(iterator)：从迭代器 iterator 中获取下一条记录，如果无法获取下一条记录，则触发 stoptrerator 异常。

5. 可迭代对象与迭代器

借助 iter() 函数可将 list、dict、str 等可迭代对象 iterable 变成迭代器 iterator。可迭代对象 iterable 实现了 __iter__() 方法，该方法返回一个迭代器对象。迭代器持有一个内部状态的字段，用于记录下次迭代返回值，它实现了 __next__() 和 __iter__() 方法，迭代器不会一次性把所有元素加载到内存，而是在需要的时候才生成返回结果。

字符串、列表或元组对象都可用于创建迭代器：

```
>>>list1=[1, 2, 3, 4]
>>> iter1=iter(list1)        # 创建迭代器对象
>>> print (next(iter1))        # 输出迭代器的下一个元素
>>> print (next(iter1))
>>>
```

需要指出的是，可迭代对象和迭代器在遍历方面存在差异。迭代器遍历完一次就不能从头开始，即迭代器只能往前不会退后。对列表等可迭代对象，不管遍历多少次都是可以的。

以下举例说明。

【实例 5-3】

```
# 程序名称：PDA5103.py
# 功能：演示可迭代对象和迭代器在遍历上的差异性
# -*- coding: UTF-8 -*-
list1=[1, 2, 3, 4]
iter1=iter(list1)        # 创建迭代器对象
print("2 in iter1=", 2 in iter1)
print("2 in iter1=", 2 in iter1)
print("2 in list1=", 2 in list1)
print("2 in list1=", 2 in list1)
```

```
print("2 in list1=", 2 in list1)
print(" 第 1 次遍历迭代器 iter2")
iter2=iter(list1)        # 创建迭代器对象
for i in range(1, 5):
    print(i, " in iter2=", i in iter2)
print(" 第 2 次遍历迭代器 iter2")
for i in range(1, 5):
    print(i, " in iter2=", i in iter2)
print(" 第 1 次遍历列表 list1")
for i in list1:
    print(i, " in list1=", i in list1)
print(" 第 2 次遍历列表 list1")
for i in list1:
    print(i, " in list1=", i in list1)
```

运行后输出结果为：

2 in iter1=True

2 in iter1=False

2 in list1=True

2 in list1=True

2 in list1=True

第 1 次遍历迭代器 iter2

1 in iter2=True

2 in iter2=True

3 in iter2=True

4 in iter2=True

第 2 次遍历迭代器 iter2

1 in iter2=False

2 in iter2=False

3 in iter2=False

4 in iter2=False

第 1 次遍历列表 list1

1 in list1=True

2 in list1=True

3 in list1=True

4 in list1=True

第 2 次遍历列表 list1

1 in list1=True

2 in list1=True

```
3  in list1=True
4  in list1=True
```

5.1.2　迭代器应用

迭代器对象可以使用常规 for 语句进行遍历，也可以使用 next() 函数逐一遍历。以下举例说明。

【实例 5-4】

```python
# 程序名称：PDA5104.py
# 功能：迭代器的创建和访问
#!/usr/bin/python
# -*- coding: UTF-8 -*-
import sys        # 引入 sys 模块
from collections.abc import Iterator
def visitWithFor():
    # 迭代器对象可以使用常规 for 语句进行遍历
    print("for 语句遍历输出字符串中元素 ......")
    s1='abcd'
    iterStr=iter(s1)      # 创建迭代器对象
    for e in iterStr:
        print(e, end=" ")
    print("")

    print("for 语句遍历输出列表中元素 ......")
    list1=[1, 2, 3, 4]
    iterList=iter(list1)        # 创建迭代器对象
    for e in iterList:
        print(e, end=" ")
    print("")

def visitWithNext():
    # 使用 next() 函数遍历
    print("next() 函数遍历输出字符串中元素 ......")
    s1='abcd'
    iterStr=iter(s1)      # 创建迭代器对象
    while True:
        try:
            print (next(iterStr), " ", end="")
        except StopIteration:
```

```
            break
    print("")

    print("next() 函数遍历输出列表中元素 ......")
    list1=[1, 2, 3, 4]
    iterList=iter(list1)        # 创建迭代器对象
    while True:
        try:
            print (next(iterList), " ", end="")
        except StopIteration:
            break
    print("")

def main():
    visitWithFor()
    visitWithNext()

main()
```

运行后输出结果为：

for 语句遍历输出字符串中元素 ......
a b c d
for 语句遍历输出列表中元素 ......
1 2 3 4
next() 函数遍历输出字符串中元素 ......
a   b   c   d
next() 函数遍历输出列表中元素 ......
1   2   3   4

说明：

StopIteration 异常用于标识迭代的完成，防止出现无限循环的情况，在 __next__() 方法中可以设置完成指定循环次数后触发 StopIteration 异常来结束迭代。

5.2 生成器

5.2.1 生成器概述

1. 列表生成式
生成列表的方式有多种。现举例说明。
假定要生成列表序列为 [3, 5, 11, 21, 35, 53, 75, 101, 131, 165]。通过分析，发现列表元

素呈现以下规律。

$$a_n=2n^2+3, n=1, 2, \cdots$$

基于以上规律，可编程生成列表序列。

【实例 5-5】

```
# 程序名称：PDA5200.py
# 功能：生成序列的几种传统方式
#!/usr/bin/python
# –*– coding: UTF–8 –*–

# 方法 1（简单）
list1=[]
for n in range(10):
    list1.append(2*n**2+3)
print("list1=", list1)

# 方法 2（高级）
list3=[2*n**2+3 for n in range(10)]
print("list3=", list3)
```

以上有两种生成列表序列的方法，方式 1 是利用 append 方法逐一向列表添加元素，方式 2 是利用列表生成式来生成列表序列。显然，方式 2 简洁高效。

列表生成式使用非常简洁的方式来快速生成满足特定需求的列表，代码具有非常强的可读性。

列表生成式语法形式为：

```
[expression for expr1 in sequence1 if condition1
            for expr2 in sequence2 if condition2
            for expr3 in sequence3 if condition3
            …
            for exprN in sequenceN if conditionN]
```

列表生成式在逻辑上等价于一个循环语句，只是形式上更加简洁。以下举例说明。

【实例 5-6】

```
# 程序名称：PDA5201.py
# 功能：列表生成式
#!/usr/bin/python
# –*– coding: UTF–8 –*–
def showListGenerate():
```

```
list11=[x*x for x in range(6)]
print("list11=", list11)

list12=[]
for x in range(6):
    list12.append(x*x)
print("list12=", list12)

list21=[x*x for x in range(6) if x%2==0]
print("list21=", list21)

list22=[]
for x in range(6):
    if x%2==0:
        list22.append(x*x)
print("list22=", list22)

list31=[x*x+y*y  for x in range(6)
                  for y in range(6)]
print("list31=", list31)

list32=[]
for x in range(6):
    for y in range(6):
        list32.append(x*x+y*y)
print("list32=", list32)

list41=[x*x+y*y  for x in range(6)   if x%2==0
                  for y in range(6)  if y%3==0]
print("list41=", list41)

list42=[]
for x in range(6):
    if x%2==0:
        for y in range(6):
            if y%3==0:
                list42.append(x*x+y*y)
print("list42=", list42)
```

```
def main():
    showListGenerate()

main()
```

运行后输出结果为：

list11=[0, 1, 4, 9, 16, 25]
list12=[0, 1, 4, 9, 16, 25]
list21=[0, 4, 16]
list22=[0, 4, 16]
list31=[0, 1, 4, 9, 16, 25, 1, 2, 5, 10, 17, 26, 4, 5, 8, 13, 20, 29, 9, 10, 13, 18, 25, 34, 16, 17, 20, 25, 32, 41, 25, 26, 29, 34, 41, 50]
list32=[0, 1, 4, 9, 16, 25, 1, 2, 5, 10, 17, 26, 4, 5, 8, 13, 20, 29, 9, 10, 13, 18, 25, 34, 16, 17, 20, 25, 32, 41, 25, 26, 29, 34, 41, 50]
list41=[0, 9, 4, 13, 16, 25]
list42=[0, 9, 4, 13, 16, 25]

说明：

从本实例可知，列表生成式在逻辑上等价于一个循环语句，只是形式上更加简洁。尤其是涉及 for 比较多（即多重循环）时，这种简洁性尤为突出。如本实例中，list41 的生成采用列表生成式，list42 的生成采用二重循环式，显然列表生成式简洁得多。

2. 生成器生成式

尽管通过列表生成式可以非常简捷地创建一个列表，但是，受内存的限制，列表容量肯定是有限的。例如，创建一个包含 100 万个元素的列表，需要占用很大的存储空间。不仅如此，当仅仅需要访问前面几个元素时，后面绝大多数元素占用的空间都是浪费的。

生成器生成式利用某种算法推算出后续元素，不必创建完整的列表，从而节省大量的空间。在 Python 中，这种一边循环一边计算的机制，称为生成器（generator）。

生成器是一个特殊的程序，可以被用作控制循环的迭代行为，Python 中生成器是迭代器的一种，使用 yield 返回值函数，每次调用 yield 会暂停，且可以使用 next() 函数和 send() 函数恢复生成器。

生成器类似于返回值为数组的一个函数，这个函数可以接收参数，可以被调用。但是，不同于一般的函数会一次性返回包括了所有数值的数组，生成器一次只能产生一个值，这样消耗的内存数量将大大减小，而且允许调用函数可以很快地处理前几个返回值，因此生成器看起来像一个函数，而表现却像迭代器。

生成器可以理解为用于生成列表、元组等可迭代对象的机器。既然是机器，没启动之前，在 Python 中只是一个符号。也就是说，生成器还不是实际意义上的列表，因此比列表更加节省内存空间，必要时，生成器可以按照需要去生成列表。以下举例说明。

【实例 5-7】

程序名称：PDA5202.py

```python
# 功能：生成器
#!/usr/bin/python
# -*- coding: UTF-8 -*-
#from collections import Iterator

def showGenerator():
    # 列表生成式
    list1=[2*n**2+3 for n in range(10)]
    print("list1=", list1)

    # 生成器生成式
    maxNum=10      # 定义生成器生成规模（最大数量）
    g1=(2*n**2+3   for n in range(maxNum))
    realNum=8       # 定义生成器实际生成数量
    data1=[next(g1) for n in range(realNum)]
    print("data1=", data1)

    # 列表生成式
    list2=[x*x+y*y for x in range(5)  for y in range(3)]
    print("list2=", list2)

    # 生成器生成式
    maxRaws=5      # 定义生成器生成规模（最大数量）
    maxCols=3      # 定义生成器生成规模（最大数量）
    realNum=8       # 定义生成器实际生成数量 <=maxRaws*maxCols
    g2=(x*x+y*y    for x in range(maxRaws)
                for y in range(maxCols))
    realNum=8       # 定义生成器实际生成数量
    data2=[next(g2) for n in range(realNum)]
    print("data2=", data2)

def main():
    showGenerator()

main()
```

在该实例中，[2*n**2+3 for n in range(10)] 是列表生成式，生成列表 list1=[3, 5, 11, 21, 35, 53, 75, 101, 131, 165]。g1=(2*n**2+3 for n in range(maxNum)) 定义一个生成器 g1，maxNum 定义生成器生成规模（最大数量）。next(g1) 启动生成器来生成列表，realNum 定

义生成器实际生成数量。利用生成器 g1 生成列表为 data1=[3, 5, 11, 21, 35, 53, 75, 101]。类似地，[x*x+y*y for x in rangc(5) for y in range(3)] 是列表生成式，g2=(x*x+y*y　for x in range(maxRaws) for y in range(maxCols)) 定义一个生成器 g2。

从实例可知，只需要把列表生成式的中括号"[]"改为小括号"()"，列表生成式就变为生成器。

注意：realNum 要不大于 maxNum，因为使用内置方法 next() 启动生成器生成列表的元素长度不能大于生成器的生成规模。

3. 创建生成器方法

方式 1：生成器生成式。

把一个列表生成式的 [] 改成 ()，就创建了一个生成器。例如：

>>> List1=[2 *n**2+3 for n in range(10)]
>>> g=(2 *n**2+3　for n in range(10))

[2 *n**2+3 for n in range(10)] 为列表生成式，将 [] 换成 () 就可以创建一个生成器 g。

方式 2：生成器函数。

如果一个函数定义中包含 yield 关键字，那么这个函数就不再是一个普通函数，而是一个生成器函数。

调用普通函数执行完毕之后会返回一个值并退出，但是调用生成器函数会自动挂起，然后重新拾起继续执行。利用 yield 关键字挂起函数，给调用者返回一个值，同时保留了当前的足够多的状态，可以使函数继续执行。即在每次调用 next() 的时候执行生成器函数，遇到 yield 语句返回，再次执行时从上次返回的 yield 语句处继续执行。

下面举例说明。

【实例 5-8】

```
# 程序名称：PDA5203.py
# 功能：生成器的定义方式演示
#!/usr/bin/python
# -*- coding: UTF-8 -*-


maxNum=10      # 定义生成器生成规模（最大数量）
realNum=8       # 定义生成器实际生成数量
list1=[2*n**2+3 for n in range(maxNum)]
print("list1=", list1)

# 方式 1：生成器表达式
g1=(2*n**2+3  for n in range(maxNum))
data1=[next(g1) for n in range(realNum)]
print("data1=", data1)
```

```
# 方式 2：生成器函数
def createData(maxN):        #maxN 为最终迭代次数
    n=0
    while n<maxN:
        an=2*n**2+3
        yield an
        n=n+1


g2=createData(maxNum)
data2=[next(g2) for n in range(realNum)]
print("data2=", data2)
```

说明：

方式 1 采取生成器表达式方式生成生成器 g1。方式 2 采取生成器函数方式生成生成器 g2。方式 2 中先定义生成器函数 createData()，然后调用该函数来生成生成器 g2。

4. 迭代器的特点

一般来说，迭代器具有以下特点。

（1）按需计算。迭代器并不是把所有的元素提前计算出来，而是在需要的时候才计算返回。

（2）省空间。比如存 10000 个元素，列表占用 80KB 左右，而生成器只占用了 56B。这主要是因为生成器具有按需计算的特点。

（3）支持大数据。这个特点实际上是前面两个特点的衍生。

可以说，由于有了迭代器，Python 在大数据分析上具有独特优势。当然，生成器也是一种迭代器，也具备上述特点。

5.2.2　生成器的函数或方法

1. __next__() 方法和 next() 内置函数

调用生成器函数来生成一个生成器 g 时，这个生成器对象就会自带一个 g.__next__() 方法，它可以开始或继续执行函数并运行到下一个 yield 结果返回或引发一个 StopIteration 异常（这个异常是在运行到了函数末尾或者遇到了 return 语句的时候引起）。也可以通过 Python 的内置函数 next() 来调用 X.__next__() 方法，结果都是一样的。

【实例 5-9】

```
# 程序名称：PDA5204.py
# 功能：next() 和 __next__() 方法演示
#!/usr/bin/python
# –*– coding: UTF–8 –*–


def gen():
    a=yield 1
```

```
        b=yield 2
        return 100

    g1=gen()
    n1=next(g1)
    print("n1=", n1)
    n2=next(g1)
    print("n2=", n2)

    g2=gen()
    n3=g2.__next__()
    print("n3=", n3)
    n4=g2.__next__()
    print("n4=", n4)
```

运行结果：

```
n1=1
n2=2
n3=1
n4=2
```

2. send() 方法

send() 方法和 next() 方法在一定意义上其作用相似，都具有唤醒并继续执行的作用。但二者又有一定区别。send() 可以传递 yield 的值，而 next() 只能传递 None。所以 next() 和 send(None) 作用是一样的。

从技术上讲，yield 是一个表达式，它是有返回值的，当使用内置的 next() 函数或 __next__ 方法时，默认 yield 表达式的返回值为 None，使用 send(value) 方法可以把一个值传递给生成器，使得 yield 表达式的返回值为 send() 方法传入的值。

生成器刚启动时（第一次调用），应使用 next() 语句或 send(None)，不能直接发送一个非 None 的值，否则会报 TypeError，因为没有 yield 语句来接收这个值。

send(msg) 和 next() 的返回值比较特殊，是下一个 yield 表达式的参数（如 yield 5，则返回 5）。

【实例 5-10】

```
# 程序名称：PDA5205.py
# 功能：send() 方法演示
#!/usr/bin/python
# -*- coding: UTF-8 -*-


def gen():
```

```
        a=yield 1
        print('a=', a)
        b=yield 2
        print('b=', b)
        c=yield 3
        print('c=', c)
        return 'It is over!'

g=gen()
print('******************************')
n1=g.send(None)
print(' 第 1 个 yield 参数值为 :', n1)
print('******************************')
n2=g.send('The 2st send')
print(' 第 2 个 yield 参数值为 :', n2)
print('******************************')
n3=g.send('The 3st send')
print(' 第 3 个 yield 参数值为 :', n3)
print('******************************')

try:
    n4=g.send('The 4st send')
except StopIteration:
    print(' 运行到末尾了，没有 yield 语句供继续运行 !')
finally:
    print('******************************')
```

说明：

本实例表明，yield 的返回值由 send() 方法传入，send() 方法或 next() 方法的返回值为 yield 表达式的参数（如 yield 1，则返回 1）。

3. 生成器函数中的 return 语句

当生成器运行到了 return 语句时，会抛出 StopIteration 异常，异常的值就是 return 的值；另外，即使 return 后面有 yield 语句，也不会被执行。

4.close 方法与 throw 方法

一个生成器对象也有 close 方法与 throw 方法，可以使用它们提前关闭一个生成器或抛出一个异常；使用 close 方法时，它本质上是在生成器内部产生一个终止迭代的 GeneratorExit 异常。throw 方法通过抛出一个 GeneratorExit 异常来终止生成器。

5.2.3　生成器应用举例

这里举例说明如何利用生成器函数生成特殊数列。

数列 1：

$$a(n)=p \cdot a(n-1)+q$$

p=1 时为等差数列。

p=2、q=1 时为汉诺塔数列。

数列 2：

$$a(n)=p \cdot a(n-2)+q \cdot a(n-1)$$

p=1、q=1 时为斐波那契数列。

数列 3：

$$a(n)=p \cdot a(n-3)+q \cdot a(n-2)+w \cdot a(n-1)$$

【实例 5-11】

```python
# 程序名称：PDA5206.py
# 功能：生成器的应用（特殊数列）
#!/usr/bin/python
# -*- coding: UTF-8 -*-


# 定义全局变量
maxNum=10      # 定义生成器生成规模（最大数量）
realNum=8      # 定义生成器实际生成数量


def callListExpr():
    # 列表生成式
    list1=[2**(n+1)-1 for n in range(maxNum)]
    print("list1=", list1)


def callGenerateorExpr():
    # 方式 1：生成器表达式
    g1=(2**(n+1)-1  for n in range(maxNum))
    data1=[next(g1) for n in range(realNum)]
    print("data1=", data1)


    # 方式 2：生成器函数
    #a(n)=p*a(n-1)+q
    # 假定序列初始元素为 1
```

```python
#maxN 为最终迭代次数
def fun1(maxN, p, q):
    n, f1=0, 1
    while n < maxN:
        yield f1
        f1=p*f1+q
        n=n+1
    return 'done'


#a(n)=p*a(n-1)+q*a(n-2)
# 假定序列初始两个元素为 1, 1
#maxN 为最终迭代次数
def fun2(maxN, p, q):
    n, f0, f1=0, 1, 1
    while n < maxN:
        if n > 0:
            yield f1
            f0, f1=f1, p*f0+q*f1
        else:
            yield f0
        n=n+1
    return 'done'


#a(n)=p*a(n-1)+q*a(n-2)+w*a(n-3)
# 假定序列初始三个元素为 1, 2, 3
#maxN 为最终迭代次数
def fun3(maxN, p, q, w):
    n, f0, f1, f2=0, 1, 2, 3
    while n < maxN:
        if n==0:
            yield f0
        elif n==1:
            yield f1
        else:
            yield f2
            f0, f1, f2=f1, f2, p*f0+q*f1+w*f2
        n=n+1
    return 'done'
```

```
def main():
    g1=fun1(maxNum, 2, 1)        #p=2、q=1 时为汉诺塔数列
    data1=[next(g1) for n in range(realNum)]
    print("data1=", data1)

    g2=fun2(maxNum, 1, 1)        #p=1、q=1 时为斐波那契数列
    data2=[next(g2) for n in range(realNum)]
    print("data2=", data2)

    g3=fun3(maxNum, 1, 1, 1)        #
    data3=[next(g3) for n in range(realNum)]
    print("data3=", data3)

main()
```

运行后输出结果为：

```
data1=[1, 3, 7, 15, 31, 63, 127, 255]
data2=[1, 1, 2, 3, 5, 8, 13, 21]
data3=[1, 2, 3, 6, 11, 20, 37, 68]
```

5.3　本章小结

本章主要介绍迭代、可迭代对象、迭代器的含义，以及 iter() 和 next() 函数的作用及应用，还介绍了生成器的含义和定义生成器的几种方式。对每个知识点，均配以实例来说明。

5.4　思考和练习

1. 如何判断一个对象是不是可迭代对象？
2. 如何判断一个对象是不是迭代器？
3. 如何将可迭代对象转换为迭代器？
4. 自定义一个列表生成式，并访问生成的数据。
5. 以列表生成式为基础定义一个生成器，并调用生成器，生成所需数据。
6. 自定义迭代器生成函数，计算数列 $f(n)=f(n-4)+2f(n-3)+3f(n-2)+4f(n-1)$，初始值为 1, 2, 3, 4。

第6章　NumPy 模块及应用

本章的学习目标：
- 了解 NumPy 的基本概念
- 掌握 ndarray 数组的创建
- 掌握 NumPy 数组常用的基本操作
- 掌握 NumPy 数组索引和切片
- 掌握排序、搜索、计数
- 了解 NumPy 常用函数

NumPy 是 Python 数值计算最重要的基础包，大多数提供科学计算的包都用 NumPy 的数组作为构建基础，它是一个由多维数组对象和用于处理数组的例程集合组成的库。NumPy 本身并没有提供多么高级的数据分析功能，理解 NumPy 数组以及面向数组的计算，将有助于用户更加高效地使用诸如 Pandas 之类的工具。现在一般通过 NumPy、SciPy（Scientific Python）和 Matplotlib（绘图库）的结合来替代 MATLAB，形成了一个流行的计算技术平台。

6.1 NumPy 概述

6.1.1 NumPy 模块的安装和引入

NumPy 的安装命令如下：

pip install numpy

如果安装不成功，则按提示先升级 pip，升级命令如下：

python –m pip install ––upgrade pip

升级后再安装。一旦安装成功后，就可以使用 import 引入模块。

import numpy

6.1.2 NumPy 数据类型

Python 本身支持的数据类型有 int（整型）、float（浮点型）、bool（布尔型）和 complex（复数型）。而 NumPy 支持的数据类型比 Python 更为丰富。NumPy 支持的数据类型详见表 6-1。

表 6-1　NumPy 支持的数据类型

数据类型	描　　述
bool	布尔类型，1 字节，值为 True 或 False

续表

数据类型	描　　述
int	整数类型，通常为 int64 或 int32
intc	与 int 相同，通常为 int32 或 int64
intp	用于索引，通常为 int32 或 int64
int8	字节（-128 ～ 127）
int16	整数（-32 768 ～ 32 767）
int32	整数（-2 147 483 648 ～ 2 147 483 647）
int64	整数（-9 223 372 036 854 775 808 ～ 9 223 372 036 854 775 807）
uint8	无符号整数（0 ～ 255）
uint16	无符号整数（0 ～ 65 535）
uint32	无符号整数（0 ～ 4 294 967 295）
uint64	无符号整数（0 ～ 18 446 744 073 709 551 615）
float	float64 的简写
float16	半精度浮点数，5 位指数，10 位尾数
float32	单精度浮点数，8 位指数，23 位尾数
float64	双精度浮点数，11 位指数，52 位尾数
complex	complex128 的简写
complex64	复数，由两个 32 位浮点表示
complex128	复数，由两个 64 位浮点表示

6.1.3　ndarray 数组

　　ndarray 数组是 NumPy 中最重要的对象，是一种 N 维数组类型，它描述相同类型的元素集合。ndarray 由计算机内存中的一维连续区域组成，ndarray 中的每个元素在内存中使用相同大小的块。

　　ndarray 数组的主要属性如下。

　　（1）ndim：秩，即轴的数量或维度的数量。

　　（2）shape：ndarray 对象的维度，对于矩阵，维度为 n 行 m 列。

　　（3）size：ndarray 对象元素的个数，n 行 m 列的矩阵的元素个数为 n×m。

　　（4）dtype：ndarray 对象的元素类型。

　　（5）itemsize：ndarray 对象中每个元素的大小，以字节为单位。

　　（6）nbytes：ndarray 对象中元素的总字节数。

6.2　ndarray 数组的创建

　　在 NumPy 中，创建 ndarray 数组的主要方法如下。

　　（1）使用 array() 方法创建数组。

（2）使用 arrange()、linspace()、ones()、zeros()、eye() 和 logspace() 等 NumPy 的内置方法创建数组。

（3）从已知数据创建。

6.2.1　使用 array() 方法创建数组

array() 方法用于将列表或元组转换为 ndarray 数组。其格式为：

numpy.array(object, dtype=None, copy=True, order=None, subok=False, ndmin=0)

相关参数说明如下。

object：列表、元组等。

dtype：数据类型。如果未给出，则类型为被保存对象所需的最小类型。

copy：布尔类型，默认 True，表示复制对象。

order：顺序。

subok：布尔类型，表示子类是否被传递。

ndmin：生成的数组应具有的最小维数。

例如，假定列表 list1 为：

list1=[[1, 2, 3], [4, 5, 6], [7, 8, 9], [11, 12, 13], [14, 15, 16], [17, 18, 19]]

那么，基于 list1 可以利用 NumPy 的 array() 方法创建数组，如下：

arr1=np.array(list1)　　　# import numpy as np

数组 arr1 的内容输出如下：

```
[[1    2    3]
 [4    5    6]
 [7    8    9]
 [11  12  13]
 [14  15  16]
 [17  18  19]]
```

以下举例说明。

【实例 6-1】

```
# 程序名称：PDA6201.py
# 程序功能：展示 array() 方法创建 ndarray 数组
import numpy as np
print(" 利用 array() 方法由列表或元组创建 ndarray 数组 ")
list1=[[1, 2, 3], [4, 5, 6], [7, 8, 9], [11, 12, 13], [14, 15, 16], [17, 18, 19]]
arr1=np.array(list1)        # 由列表创建数组
print("arr1=", arr1)
print("arr1 的维数 =", arr1.shape, "arr1 的秩 =", arr1.ndim)
```

```
list2=[[[1, 2, 3], [4, 5, 6], [7, 8, 9]], [[11, 12, 13], [14, 15, 16], [17, 18, 19]]]
arr2=np.array(list2)        # 由列表创建数组
print("arr1=", arr2)
print("arr2 的维数 =", arr2.shape, "arr2 的秩 =", arr2.ndim)
tup1=((1, 2), (3, 4), (5, 6), (7, 8), (9, 10), (11, 12))
arr3=np.array(tup1)        # 由元组创建数组
print("arr3=", arr3)
print("arr3 的维数 =", arr3.shape, "arr3 的秩 =", arr3.ndim)
tup2=(((1, 2), (3, 4), (5, 6)), ((7, 8), (9, 10), (11, 12)))
arr4=np.array(tup2)        # 由元组创建数组
print("arr4=", arr4)
print("arr4 的维数 =", arr4.shape, "arr4 的秩 =", arr4.ndim)
```

运行后输出结果为：

```
利用 array() 方法由列表或元组创建 ndarray 数组
arr1=[[ 1   2   3]
 [ 4   5   6]
 [ 7   8   9]
 [11  12  13]
 [14  15  16]
 [17  18  19]]
arr1 的维数 =(6, 3) arr1 的秩 =2
arr1=[[[ 1   2   3]
 [ 4   5   6]
 [ 7   8   9]]

 [[11  12  13]
 [14  15  16]
 [17  18  19]]]
arr2 的维数 =(2, 3, 3) arr2 的秩 =3
arr3=[[ 1   2]
 [ 3   4]
 [ 5   6]
 [ 7   8]
 [ 9  10]
 [11  12]]
arr3 的维数 =(6, 2) arr3 的秩 =2
arr4=[[[ 1   2]
 [ 3   4]
```

[5　6]]

[[7　8]
 [9　10]
 [11　12]]]
arr4 的维数 =(2, 3, 2) arr4 的秩 =3

6.2.2　利用 NumPy 的内置方法创建数组

1. 利用 arange() 方法创建
arange() 方法用于创建给定区间内均匀间隔的值。其格式为：

numpy.arange(start, stop, step, dtype=None)

参数说明如下。
start：起始值，默认为 0。
stop：终止值（但不包括 stop）。
step：步长，两个值的间隔，默认为 1。
dtype：可选参数，设置返回 ndarray 的值类型。输出数组的类型。如果没有给出 dtype，则从其他输入参数推断数据类型。
返回类型为 ndarray。
以下举例说明。

```
# 利用 arange() 方法创建
# 在 [1, 10) 区间以 2 为步长新建数组
arr1=np.arange(1, 10, 2, dtype='int32')
print("arr1=", arr1)
arr1=[1　3　5　7　9]
```

2. 利用 linspace() 方法创建
linspace() 方法用于创建指定区间内间隔均匀的值。其格式为：

numpy.linspace(start, stop, num=50, endpoint=True, retstep=False, dtype=None)

参数说明如下。
start：起始值。
stop：结束值。
num：生成的样本数。默认值为 50。
endpoint：希尔值，如果为 True，则最后一个样本包含在序列内。
retstep：希尔值，如果为 True，返回间距。
dtype：数组的类型。
以下举例说明。

```
# 利用 linspace() 方法创建
# 在 [0, 5] 区间新建数组
arr1=np.linspace(0, 5, 5, endpoint=True)
print("arr1=", arr1)
      arr1=[0. 1.25 2.5 3.75 5.]
# 在 [0, 5) 区间新建数组
arr2=np.linspace(0, 5, 5, endpoint=False)
      print("arr2=", arr2)
arr2=[0. 1. 2. 3. 4.]
```

3. 利用 ones() 方法创建

ones() 方法用于创建全部元素为 1 的数组。其格式为：

```
numpy.ones(shape, dtype=None, order='C')
```

参数说明如下。

shape：用于指定数组维数，例如（1，2）或（2，3，3）。

dtype：数据类型。

order：{'C', 'F'}，按行或列方式存储数组。

以下举例说明。

```
import numpy as np
# 利用 ones() 方法创建
arr1=np.ones((2, 3, 3))
print("arr1=", arr1)
arr1=[[[1. 1. 1.]
  [1. 1. 1.]
  [1. 1. 1.]]


 [[1. 1. 1.]
  [1. 1. 1.]
  [1. 1. 1.]]]
```

4. 利用 zeros() 方法创建

zeros() 方法用于创建全部元素为 0 的数组。其格式为：

```
numpy.zeros(shape, dtype=None, order='C')
```

参数说明如下。

shape：用于指定数组维数，例如（1，2）或（2，3，3）。

dtype：数据类型。

order：{'C', 'F'}，按行或列方式存储数组。

以下举例说明。

```
import numpy as np
# 利用 zeros() 方法创建
arr1=np.zeros((2, 3, 3))
print("arr1=", arr1)
 arr1=[[[0. 0. 0.]
  [0. 0. 0.]
  [0. 0. 0.]]


 [[0. 0. 0.]
  [0. 0. 0.]
  [0. 0. 0.]]]
```

5. 利用 eys() 方法创建

eye() 方法用于创建一个二维数组，其特点是 k 对角线上的值为 1，其余值全部为 0。其格式为：

```
numpy.eye(N, M=None, k=0, dtype=<type 'float'>)
```

相关参数说明如下。

N：输出数组的行数。

M：输出数组的列数。

k：对角线索引。0（默认）是指主对角线，正值是指上对角线，负值是指下对角线。

以下举例说明。

```
import numpy as np
# 利用 eye() 方法创建
arr1=np.eye(3, 4, 0)
print("arr1=", arr1)
arr2=np.eye(3, 4, 1)
print("arr2=", arr2)
arr3=np.eye(3, 4, -1)
print("arr3=", arr3)

arr1=[[[0. 0. 0.]
  [0. 0. 0.]
  [0. 0. 0.]]


 [[0. 0. 0.]
  [0. 0. 0.]
```

```
 [0. 0. 0.]]]
arr1=[[1. 0. 0. 0.]
 [0. 1. 0. 0.]
 [0. 0. 1. 0.]]
arr2=[[0. 1. 0. 0.]
 [0. 0. 1. 0.]
 [0. 0. 0. 1.]]
arr3=[[0. 0. 0. 0.]
 [1. 0. 0. 0.]
 [0. 1. 0. 0.]]
```

6. 利用 logspace() 方法创建

logspace() 方法用于创建等比数列。其格式为：

numpy.logspace(start, stop, num=50, endpoint=True, base=10.0, dtype=None)

相关参数说明如下。

start：序列的起始值 (=base**start)。
stop：序列的结束值 (=base**stop)。
num：元素个数，默认为 50。
endpoint：是否包含结束值，若为 True，则包含。
base：基数，默认为 10。
dtype：默认为 None。
以下举例说明。

```
arr1=np.logspace(0, 10, 5, base=2, endpoint=True)
print("arr1=", arr1)
arr2=np.logspace(0, 10, 5, base=2, endpoint=False)
print("arr2=", arr2)
```

```
arr1=[1.00000000e+00 5.65685425e+00 3.20000000e+01 1.81019336e+02
 1.02400000e+03]
arr2=[1.   4.   16.   64.   256.]
```

【实例 6-2】

```
# 程序名称：PDA6202.py
# 程序功能：演示利用 NumPy 的内置方法创建 ndarray 数组
import numpy as np
# 利用 arange() 方法创建
# 在 [1, 10) 区间以 2 为步长新建数组
arr1=np.arange(1, 10, 2, dtype='int32')
```

```
print("arr1=", arr1)

# 利用 linspace() 方法创建
# 在 [0, 5] 区间新建数组
arr1=np.linspace(0, 5, 5, endpoint=True)
print("arr1=", arr1)
#arr1=[0.   1.25   2.5   3.75   5. ]
# 在 [0, 5) 区间新建数组
arr2=np.linspace(0, 5, 5, endpoint=False)
print("arr2=", arr2)
#arr2=[0. 1. 2. 3. 4.]

# 利用 ones() 方法创建
arr1=np.ones((2, 3, 3))
print("arr1=", arr1)

# 利用 zeros() 方法创建
arr1=np.zeros((2, 3, 3))
print("arr1=", arr1)


# 利用 eye() 方法创建
arr1=np.eye(3, 4, 0)
print("arr1=", arr1)

arr2=np.eye(3, 4, 1)
print("arr2=", arr2)

arr3=np.eye(3, 4, -1)
print("arr3=", arr3)

# 利用 logspace() 方法创建
arr1=np.logspace(0, 10, 5, base=2, endpoint=True)
print("arr1=", arr1)
arr2=np.logspace(0, 10, 5, base=2, endpoint=False)
print("arr2=", arr2)
```

6.2.3　从已知数据创建数组

NumPy 提供了 frombuffer()、fromfile()、fromfunction() 和 fromiter() 等方法从已知数据文件、函数中创建 ndarray 数组。

1. frombuffer() 方法

frombuffer() 方法用于将 buffer 以流的形式读入并转换成 ndarray 数组。其格式为：

numpy.frombuffer(buffer, dtype=float, count=-1, offset=0)

参数说明如下。

buffer：流数据。

dtype：数据类型。

count：读取流数据的数量，-1 表示所有。

offset：从流数据的第几位开始读入。

特别提示：

● buffer 是字符串时，Python 3 默认字符串是 unicode 类型，所以要转换成 bytestring，即在原字符串前加上 b。

以下举例说明。

```
str1=b'Hello World'
arr1=np.frombuffer(str1, dtype='S1')
print("arr1=", arr1)


arr1=[b'H' b'e' b'l' b'l' b'o' b' ' b'W' b'o' b'r' b'l' b'd']
```

2. fromfile() 方法

fromfile() 方法用于从文本或二进制文件中构建多维数组。其格式为：

fromfile(file, dtype, count, sep='')：

参数说明如下。

file：文件。

dtype：读取的数据类型。

count：读入元素个数，-1 表示读入整个文件。

sep：数据分割字符串，如果是空串，写入文件为二进制。

以下举例说明。

```
# 利用 fromfile() 方法创建 ndarray 数组
arr1=np.arange(0, 12)
arr1.shape=3, 4
print("arr1=", arr1)
arr1=[[ 0   1   2   3]
 [ 4   5   6   7]
```

　[8　9　10　11]]
arr1.tofile("my.dat")
arr2=np.fromfile("my.dat", dtype='int32')
print("arr2=", arr2)
arr2=[0　1　2　3　4　5　6　7　8　9　10　11]

3. fromfunction() 方法

fromfunction() 方法用于通过函数返回值创建多维数组。其格式为：

fromfunction(function, shape)

参数说明如下。
function：函数名。
shape：表示数组位数。
以下举例说明。

```
# 利用 fromfunction() 方法创建 ndarray 数组
def fun1(i):
    return i**2+i+1
arr1=np.fromfunction(fun1, (5, ))
print("arr1=", arr1)
```

arr1=[1.　3.　7. 13. 21.]

```
def fun2(i, j):
    return (i+1)*(j+1)
```

```
arr2=np.fromfunction(fun2, (9, 9))
print("arr2=", arr2)
```

arr2=[[1.　2.　3.　4.　5.]
 [2.　4.　6.　8. 10.]
 [3.　6.　9. 12. 15.]
 [4.　8. 12. 16. 20.]
 [5. 10. 15. 20. 25.]]

```
arr3=np.fromfunction(lambda a, b: a + b, (5, 4))
print("arr3=", arr3)
```

arr3=[[0. 1. 2. 3.]
 [1. 2. 3. 4.]

```
    [2. 3. 4. 5.]
    [3. 4. 5. 6.]
    [4. 5. 6. 7.]]
```

4. fromiter() 方法

fromiter() 方法用于从可迭代对象创建一维数组。其格式为：

fromiter(iterable, dtype, count)

参数说明如下。

iterable：可迭代对象。

dtype：数据类型。

count：数量。

以下举例说明。

```
# 利用 fromiter() 方法创建 ndarray 数组
g1=(x**2 for x in range(10))
arr1=np.fromiter(g1, dtype='int32')
print("arr1=", arr1)
```

```
arr1=[ 0   1   4   9  16  25  36  49  64  81]
```

【实例 6-3】

```
# 程序名称：PDA6203.py
# 程序功能：演示 NumPy 中从已知数据创建 ndarray 数组
import numpy as np

# 利用 frombuffer() 方法创建 ndarray 数组
str1=b'Hello World'
arr1=np.frombuffer(str1, dtype='S1')
print("arr1=", arr1)

# 利用 fromfile() 方法创建 ndarray 数组
arr1=np.arange(0, 12)
arr1.shape=3, 4
print("arr1=", arr1)
arr1.tofile("my.dat")
arr2=np.fromfile("my.dat", dtype='int32')
print("arr2=", arr2)

# 利用 fromfunction() 方法创建 ndarray 数组
```

```
def fun1(i):
    return i**2+i+1
arr1=np.fromfunction(fun1, (5, ))
print("arr1=", arr1)

def fun2(i, j):
    return (i+1)*(j+1)


arr2=np.fromfunction(fun2, (5, 5))
print("arr2=", arr2)



arr3=np.fromfunction(lambda a, b: a + b, (5, 4))
print("arr3=", arr3)

# 利用 fromiter() 方法创建 ndarray 数组
g1=(x**2 for x in range(10))
arr1=np.fromiter(g1, dtype='int32')
print("arr1=", arr1)
```

6.3　NumPy 数组常用的基本操作

6.3.1　重设形状

reshape() 方法可以在不改变数组数据的同时，改变数组的形状。其格式为：

numpy.reshape(a, newshape)

参数说明如下。
a：表示原数组。
newshape：用于指定新的形状（整数或者元组）。
以下举例说明。

```
import numpy as np
# 重设形状
list1=[[[1, 2, 3], [4, 5, 6]], [[7, 8, 9], [10, 11, 12]]]
arr1=np.array(list1)        # 由列表创建数组
print("arr1=", arr1)
print("arr1 的维数 =", arr1.shape)
arr2=arr1.reshape((3, 4))
print("arr2=", arr2)
```

print("arr2 的维数 =", arr2.shape)

运行后输出结果为：

arr1=[[[1   2   3]
 [4   5   6]]

 [[7   8   9]
 [10 11 12]]]
arr1 的维数 =(2, 2, 3)
arr2=[[1   2   3   4]
 [5   6   7   8]
 [9 10 11 12]]
arr2 的维数 =(3, 4)

说明：
numpy.reshape() 等效于 ndarray.reshape()。

6.3.2 数组展开

ravel() 方法的目的是将任意形状的数组扁平化，变为一维数组。其格式为：

numpy.ravel(a, order='C')

参数说明如下。
a：表示需要处理的数组。
order：{'C', 'F'}，按行或列方式储存数组。
以下举例说明。

```
import numpy as np
# 数组展开操作
tup1=(((1, 2, 3), (4, 5, 6)), ((7, 8, 9), (10, 11, 12)))
arr1=np.array(tup1)        # 由元组创建数组
print("arr1=", arr1)
arr2=np.ravel(arr1)
print("arr2=", arr2)
```

运行后输出结果为：

arr1=[[[1   2   3]
 [4   5   6]]

 [[7   8   9]
 [10 11 12]]]

arr2=[1　2　3　4　5　6　7　8　9　10　11　12]

6.3.3　数组转置

transpose() 方法类似于矩阵的转置，它可以将二维数组的横轴和纵轴交换。其格式为：

numpy.transpose(a, axes=None)

参数说明如下。

a：数组。

axis：该值默认为 None，表示转置。如果有值，则按照值替换轴。

以下举例说明。

```
import numpy as np
# 转置操作
tup1=(((1, 2, 3), (4, 5, 6)), ((7, 8, 9), (10, 11, 12)))
arr1=np.array(tup1)        # 由元组创建数组
arr2=arr1.reshape((3, 4))
print("arr2=", arr2)
arr3=np.transpose(arr2)
print("arr3=", arr3)
```

运行后输出结果为：

```
arr2=[[ 1    2    3    4]
 [ 5    6    7    8]
 [ 9  10  11  12]]
arr3=[[ 1    5    9]
 [ 2    6  10]
 [ 3    7  11]
 [ 4    8  12]]
```

6.3.4　数组连接

concatenate() 方法可以将多个数组沿指定轴连接在一起。其格式为：

numpy.concatenate((a1, a2, …), axis=0)

参数说明如下。

(a1, a2, …)：需要连接的数组。

axis：指定连接轴。

以下举例说明。

```
import numpy as np
# 数组连接操作
```

```
a1=np.array([[1, 2], [3, 4], [5, 6]])        # (3, 2)
a2=np.array([[7, 8], [9, 10]])        # (2, 2)
a3=np.array([[11, 12]])        # (1, 2)
arr1=np.concatenate((a1, a2, a3), axis=0)        # axis=0 按第一维连接
print("arr1=", arr1)
print("arr1 的维数 =", arr1.shape)
```

运行后输出结果为：

```
arr1=[[ 1   2]
 [ 3   4]
 [ 5   6]
 [ 7   8]
 [ 9 10]
 [11 12]]
arr1 的维数 =(6, 2)
```

6.3.5　拆分

split() 方法将数组拆分为多个子数组。其格式为：

numpy.split(a, indices_or_sections, axis)

参数说明如下。

a：要切分的数组。

indices_or_sections：如果是一个整数，就用该数平均切分；如果是一个数组，为沿轴切分的位置（左开右闭）。

axis：沿着哪个维度进行切分。默认为 0，表示横向切分。为 1 时，表示纵向切分。

注意：如果根据提供的参数不能实现均等切分，会报错。

以下举例说明。

```
import numpy as np
# 数组拆分操作
arr1=np.arange(6).reshape(2, 3)
print("arr1=", arr1)
arr2=np.split(arr1, 2, axis=0)
print("arr2=", arr2)
arr3=np.split(arr1, 3, axis=1)
print("arr3=", arr3)
```

运行后输出结果为：

```
arr1=[[0 1 2]
```

```
 [3 4 5]]
arr2=[array([[0, 1, 2]]), array([[3, 4, 5]])]
arr3=[array([[0],
        [3]]), array([[1],
        [4]]), array([[2],
        [5]])]
```

6.3.6　删除

delete() 方法可沿特定轴删除数组中的子数组。其格式为：

delete(arr, obj, axis)

参数说明如下。

arr：待删除处理的数组。

obj：删除哪一行或列。

axis：沿着哪个维度进行删除，为 0 时，表示横向删除；为 1 时，表示纵向删除。

返回值：返回删除某一行／列的数组。

以下举例说明。

```
import numpy as np
# 数组删除操作
arr0=np.arange(6).reshape(2, 3)
print("arr0=", arr0)
arr1=np.delete(arr0, 2, 1)        # 将第 3 列（索引 2）删除
print("arr1=", arr1)
arr2=np.delete(arr0, 1, 0)        # 将第 2 行（索引 1）删除
print("arr2=", arr2)
```

运行后输出结果为：

```
arr0=[[0 1 2]
 [3 4 5]]
arr1=[[0 1]
 [3 4]]
arr2=[[0 1 2]]
```

6.3.7　数组插入

insert() 方法可依据索引在特定轴之前插入值。其格式为：

insert(arr, obj, values, axis)

参数说明如下。

arr：待插入的数组。

obj：插入在第几行 / 列之前。

values：要插入的数组。

axis：沿着哪个维度进行插入。为 0 时，表示横向插入；为 1 时，表示纵向插入。

返回值：返回一个插入向量后的数组。若 axis=None，则返回一个扁平（flatten）数组。

以下举例说明。

```
import numpy as np
# 数组插入操作
arr0=np.arange(6).reshape(2, 3)
print("arr0=", arr0)
arr1=np.array( [10, 11, 12])
print("arr1=", arr1)
arr2=np.insert(arr0, 0, arr1, 0)      # 在第 1 行（索引 0）之前插入
print("arr2=", arr2)
```

运行后结果为：

```
arr0=[[0 1 2]
 [3 4 5]]
arr1=[10 11 12]
arr2=[[10 11 12]
 [ 0   1   2]
 [ 3   4   5]]
```

6.3.8　追加

append() 方法可将值追加到数组的末尾。其格式为：

```
append(arr, values, axis=0)
```

参数说明如下。

arr：待追加的目标数组。

values：追加数组。

axis：沿着哪个维度进行追加。为 0 时，表示横向追加；为 1 时，表示纵向追加。

以下举例说明。

```
import numpy as np
# 数组追加操作
arr0=np.arange(6).reshape(2, 3)
print("arr0=", arr0)
arr1=np.array( [[10], [11]])
print("arr1=", arr1)
```

```
arr2=np.append(arr0, arr1, 1)        # 追加到列尾
print("arr2=", arr2)
```

运行后结果为：

```
arr0=[[0 1 2]
 [3 4 5]]
arr1=[[10]
 [11]]
arr2=[[ 0   1   2 10]
 [ 3   4   5 11]]
```

6.4　NumPy 数组索引和切片

6.4.1　数组索引

NumPy 数组的索引与 Python 中对列表（list）等索引的方式相似，但又有所不同。有关索引和切片的详细介绍参见第 4 章。这里仅举例说明。

1. 一维数组索引

假定一维数组为 a，那么一维数组索引规则为：

索引形式：$a[[i_1, i_2, \cdots, i_n]]$。

对应的数组：$array(a[i_1], a[i_2], \cdots, a[i_n])$。

以下举例说明。

```
#1. 一维数组索引
arr1=np.arange(8)
print("arr1=", arr1)
# 获取索引值为 1 的数据
print("arr1[1]=", arr1[1])

# 分别获取索引值为 1、2、3 的数据
print("arr1[[1, 2, 3]]=", arr1[[1, 2, 3]])
```

运行后输出结果为：

```
arr1=[0 1 2 3 4 5 6 7]
arr1[1]=1
arr1[[1, 2, 3]]=[1 2 3]
```

2. 二维数组索引

假定二维数组为 a，那么二维数组索引规则为：

索引形式：$a[[i_1, i_2, \cdots, i_n], [j_1, j_2, \cdots, j_n]]$。

对应的数组：array(a[i_1, j_1], a[i_2, j_2], ···, a[i_n, j_n])。
以下举例说明。

```
#2. 二维数组索引
arr2=np.arange(12).reshape(3, 4)
print("arr2=", arr2)
# 获取第 2 行、第 3 列的数据
print("arr2[1, 2]=", arr2[1, 2])
# 获取多个数组数据
print("arr2[[1, 2], [1, 3]]=", arr2[[1, 2], [1, 3]])
```

运行后输出结果为：

```
arr2=[[ 0   1   2   3]
 [ 4   5   6   7]
 [ 8   9  10  11]]
arr2[1, 2]=6
arr2[[1, 2], [1, 3]]=[ 5 11]
```

特别说明：

Python 中对列表（list）等的索引与 NumPy 数组的索引有所区别。例如，本例中 arr2[1, 2] 对应的元素为 6。而对由相同元素构成的列表等，则需采取类似 list1[1][2] 方式才能获取同样的元素 6。

```
# 创建一个数据相同的列表（list）
list1=[[ 0, 1, 2, 3], [ 4, 5, 6, 7], [8, 9, 10, 11]]
# 按照上面的方法获取第 2 行、第 3 列的数据，报错。
# Python 中列表（list）索引二维数据的方法
print("list1[1][2]=", list1[1][2])
```

3. 三维数组索引

假定三维数组为 a，那么三维数组索引规则为：

索引形式：a[[i_1, i_2, ···, i_n], [j_1, j_2, ···, j_n], [k_1, k_2, ···, k_n]]。
对应的数组：array(a[i_1, j_1, k_1], a[i_2, j_2, k_2], ···, a[i_n, j_n, k_n])。

以下举例说明。

```
#3. 三维数组索引
arr3=np.arange(24).reshape(3, 4, 2)
print("arr3=", arr3)


# 获取第 2 行、第 3 列的数据
```

```
print("arr3[1, 2, 1]=", arr3[1, 2, 1])
```

获取多个数组数据
```
print("arr3[[1, 2], [1, 3], [0, 1]]=", arr3[[1, 2], [1, 3], [0, 1]])
```

运行后输出结果为：

```
arr3=[[[ 0   1]
  [ 2   3]
  [ 4   5]
  [ 6   7]]

 [[ 8   9]
  [10 11]
  [12 13]
  [14 15]]

 [[16 17]
  [18 19]
  [20 21]
  [22 23]]]
arr3[1, 2, 1]=13
arr3[[1, 2], [1, 3], [0, 1]]=[10 23]
```

4. n 维数组索引

假定 n 维数组为 a，那么 n 维数组索引规则为：

索引形式：$a[[i_{11}, i_{12}, \cdots, i_{1m}], [i_{21}, i_{22}, \cdots, i_{2m}], \cdots, [i_{n1}, i_{n2}, \cdots, i_{nm}]]$。

对应的数组：$array(a[i_{11}, i_{21}, \cdots, i_{n1}], a[i_{12}, i_{22}, \cdots, i_{n2}], \cdots, a[i_{1m}, i_{2m}, \cdots, i_{nm}])$。

以下举例说明。

```
#4.n 维数组索引
arr4=np.arange(72).reshape(3, 4, 2, 3)
print("arr4=", arr4)
```

获取第 2 行、第 3 列的数据
```
print("arr4[1, 2, 1, 1]=", arr4[1, 2, 1, 1])
```

获取多个数组数据
```
print("arr4[[1, 2], [1, 3], [0, 1], [1, 2]]=", arr4[[1, 2], [1, 3], [0, 1], [1, 2]])
```
运行后输出结果为：
```
arr4=[[[[ 0   1   2]
```

```
  [ 3   4   5]]

[[ 6   7   8]
 [ 9  10  11]]

[[12  13  14]
 [15  16  17]]

[[18  19  20]
 [21  22  23]]]


[[[24  25  26]
  [27  28  29]]

 [[30  31  32]
  [33  34  35]]

 [[36  37  38]
  [39  40  41]]

 [[42  43  44]
  [45  46  47]]]


[[[48  49  50]
  [51  52  53]]

 [[54  55  56]
  [57  58  59]]

 [[60  61  62]
  [63  64  65]]

 [[66  67  68]
  [69  70  71]]]]
arr4[1, 2, 1, 1]=40
arr4[[1, 2], [1, 3], [0, 1], [1, 2]]=[31 71]
```

6.4.2　数组切片

NumPy 里面针对 ndarray 的数组切片和 Python 里的列表 list 切片操作是一样的。其语法为：

ndarray[start:stop:step]

其中，start、stop 和 step 分别代表起始索引、终止索引和步长。

以下举例说明。

1. 一维数组切片

```
>>> import numpy as np
>>> a=np.arange(10)
>>> a
array([0, 1, 2, 3, 4, 5, 6, 7, 8, 9])
>>> a[:5]
array([0, 1, 2, 3, 4])
>>> a[5:10]
array([5, 6, 7, 8, 9])

>>> a[0:10:2]
array([0, 2, 4, 6, 8])
```

2. 多维数据切片

对于二维数组等多维数组而言，切片只需要用逗号分隔不同维度即可。

```
>>> import numpy as np
>>> a=np.arange(20).reshape(4, 5)
>>> a
array([[ 0, 1, 2, 3, 4],
[ 5, 6, 7, 8, 9],
[10, 11, 12, 13, 14],
[15, 16, 17, 18, 19]])
# 先取第 3、4 列（第一个维度），再取第 1、2、3 行（第二个维度）
>>> a[0:3, 2:4]
array([[ 2, 3],
[ 7, 8],
[12, 13]])
# 按步长为 2 取所有列和所有行的数据
>>> a[:, ::2]
array([[ 0, 2, 4],
[ 5, 7, 9],
```

[10, 12, 14],

[15, 17, 19]])

当超过三维或更多维时，用二维数据的切片方式类推即可。

6.4.3　高级索引

1. 使用列表或者数组进行索引

使用列表或者数组可以给出索引号，从而实现索引。以下举例说明。

```
# 使用列表或者数组进行索引
arr0=np.arange(12).reshape(3, 4)
print("arr0=", arr0)
row_indices=[1, 2]
arr1=arr0[row_indices]
print("arr1=", arr1)

col_indices=[1, 2]
arr2=arr0[:, col_indices]
print("arr2=", arr2)

arr3=arr0[col_indices, row_indices]
print("arr3=", arr3)
```

运行后输出结果为：

```
arr0=[[ 0   1   2   3]
 [ 4   5   6   7]
 [ 8   9 10 11]]
arr1=[[ 4   5   6   7]
 [ 8   9 10 11]]
arr2=[[ 1   2]
 [ 5   6]
 [ 9 10]]
arr3=[ 5 10]
```

2. 使用索引掩码

通过掩码来屏蔽有关值。以下举例说明。

```
# 使用索引掩码
list0=[1, 2, 3, 4, 5, 6]
arr0=np.array(list0)
print("arr0=", arr0)
```

```
# 自定义掩码
row_mask=np.array([True, False, True, False, False, True])
arr1=arr0[row_mask]
print("arr1=", arr1)

# 使用比较操作符生成掩码
mask=(2 < arr0) * (arr0 < 5)
print("mask=", mask)
arr2=arr0[mask]
print("arr2=", arr2)
```

运行后输出结果为：

```
arr0=[1 2 3 4 5 6]
arr1=[1 3 6]
mask=[False False  True  True False False]
arr2=[3 4]
```

6.5　排序、搜索、计数

6.5.1　排序

NumPy 中 sort() 方法可对多维数组元素进行排序。其格式为：

numpy.sort(a, axis=–1, kind='quicksort', order=None)

参数说明如下。

a：待排序的数组。

axis：待排序的轴。如果为 None，则在排序之前将数组铺平；默认值为 –1，表示沿最后一个轴排序。

kind：{'quicksort', 'mergesort', 'heapsort'}，排序算法。默认值为 quicksort。

order：一个字符串或列表，可以设置按照某个属性进行排序。

以下举例说明。

```
# 程序功能：演示 NumPy 排序操作
import numpy as np
arr0=np.random.randint(1, 21, 12) .reshape(3, 4)
print("arr0=", arr0)
arr1=np.sort(arr0, 0)
print(" 行有序 arr1=", arr1)
arr2=np.sort(arr0, 1)
print(" 列有序 arr2=", arr2)
```

```
arr3=np.sort(arr0)
print(" 平铺有序 arr3=", arr3)
```

运行后输出结果为：

```
arr0=[[17    1 13 15]
 [10    1 19    2]
 [11 10    7 10]]
行有序 arr1=[[10    1    7    2]
 [11    1 13 10]
 [17 10 19 15]]
列有序 arr2=[[ 1 13 15 17]
 [ 1    2 10 19]
 [ 7 10 10 11]]
平铺有序 arr3=[[ 1 13 15 17]
 [ 1    2 10 19]
 [ 7 10 10 11]]
```

除了 numpy.sort，还有如下对数组进行排序的方法：

numpy.lexsort(keys, axis)：使用多个键进行间接排序。

numpy.argsort(a, axis, kind, order)：沿给定轴执行间接排序。

numpy.msort(a)：沿第 1 个轴排序。

numpy.sort_complex(a)：针对复数排序。

6.5.2　搜索和计数

除了排序，可以通过如下方法对数组中的元素进行搜索和计数。列举如下：

argmax(a, axis, out)：返回数组中指定轴的最大值的索引。

nanargmax(a, axis)：返回数组中指定轴的最大值的索引，忽略 NaN。

argmin(a, axis, out)：返回数组中指定轴的最小值的索引。

nanargmin(a, axis)：返回数组中指定轴的最小值的索引，忽略 NaN。

argwhere(a)：返回数组中非 0 元素的索引，按元素分组。

nonzero(a)：返回数组中非 0 元素的索引。

flatnonzero(a)：返回数组中非 0 元素的索引，并铺平。

where(条件 , x, y)：根据指定条件，从指定行、列返回元素。

searchsorted(a, v, side, sorter)：查找要插入元素以维持顺序的索引。

extract(condition, arr)：返回满足某些条件的数组的元素。

count_nonzero(a)：计算数组中非 0 元素的数量。

选取其中的一些方法举例：

```
>>> import numpy as np
>>> a=np.random.randint(0, 10, 20)
```

```
>>> a
#array([3, 2, 0, 4, 3, 1, 5, 8, 4, 6, 4, 5, 4, 2, 6, 6, 4, 9, 8, 9])
>>> np.argmax(a)          #17
>>> np.nanargmax(a)       #17
>>> np.argmin(a)          #2
>>> np.nanargmin(a)       #2
>>> np.argwhere(a)
array([[0], [1], [3], [4], [5], [6], [7], [8], [9], [10], [11], [12], [13], [14], [15], [16], [17], [18],
[19]], dtype=int64)
>>> np.nonzero(a)
(array([ 0, 1, 3, 4, 5, 6, 7, 8, 9, 10, 11, 12, 13, 14, 15, 16, 17, 18, 19], dtype=int64), )
>>> np.flatnonzero(a)
array([ 0, 1, 3, 4, 5, 6, 7, 8, 9, 10, 11, 12, 13, 14, 15, 16, 17, 18, 19], dtype=int64)
>>> np.count_nonzero(a)        #19
```

6.6　常用函数

6.6.1　三角函数

常用三角函数如下。

numpy.sin(x)：三角正弦。

numpy.cos(x)：三角余弦。

numpy.tan(x)：三角正切。

numpy.arcsin(x)：三角反正弦。

numpy.arccos(x)：三角反余弦。

numpy.arctan(x)：三角反正切。

numpy.hypot(x1, x2)：直角三角形求斜边。

numpy.degrees(x)：弧度转换为度。

numpy.radians(x)：度转换为弧度。

numpy.deg2rad(x)：度转换为弧度。

numpy.rad2deg(x)：弧度转换为度。

6.6.2　双曲函数

常用双曲函数如下。

numpy.sinh(x)：双曲正弦。

numpy.cosh(x)：双曲余弦。

numpy.tanh(x)：双曲正切。

numpy.arcsinh(x)：反双曲正弦。

numpy.arccosh(x)：反双曲余弦。

numpy.arctanh(x)：反双曲正切。

6.6.3　数值修约

常用数值修约函数如下。

numpy.round_(a)：将数组舍入到给定的小数位数。

numpy.rint(x)：修约到最接近的整数。

numpy.fix(x, y)：向 0 舍入到最接近的整数。

numpy.floor(x)：返回输入的下限（标量 x 的底数是最大的整数 i）。

numpy.ceil(x)：返回输入的上限（标量 x 的上限是最小的整数 i）。

numpy.trunc(x)：返回输入的截断值。

6.6.4　求和、求积、差分

下面这些方法用于数组内元素或数组间进行求和、求积以及进行差分。

numpy.prod(a, axis, dtype, keepdims)：返回指定轴上的数组元素的乘积。

numpy.sum(a, axis, dtype, keepdims)：返回指定轴上的数组元素的总和。

numpy.nanprod(a, axis, dtype, keepdims)：返回指定轴上的数组元素的乘积，将 NaN 视作 1。

numpy.nansum(a, axis, dtype, keepdims)：返回指定轴上的数组元素的总和，将 NaN 视作 0。

numpy.cumprod(a, axis, dtype)：返回沿给定轴的元素的累计乘积。

numpy.cumsum(a, axis, dtype)：返回沿给定轴的元素的累计总和。

numpy.nancumprod(a, axis, dtype)：返回沿给定轴的元素的累计乘积，将 NaN 视作 1。

numpy.nancumsum(a, axis, dtype)：返回沿给定轴的元素的累计总和，将 NaN 视作 0。

numpy.diff(a, n, axis)：计算沿指定轴的第 n 个离散差分。

numpy.ediff1d(ary, to_end, to_begin)：数组的连续元素之间的差异。

numpy.gradient(f)：用于计算数组 f 中元素的梯度，当 f 为多维时，返回每个维度的梯度。

numpy.cross(a, b, axisa, axisb, axisc, axis)：返回两个（数组）向量的叉积。

numpy.trapz(y, x, dx, axis)：使用复合梯形规则沿给定轴积分。

numpy.trace(a, offset=0, axis1=0, axis2=1, dtype=None, out=None)：等价于 diag(a).sum()

下面，选取几个举例测试一下。

```
>>> import numpy as np
>>> a=np.arange(5)
>>> a
array([0, 1, 2, 3, 4])
>>> np.prod(a)      # 所有元素乘积
0
```

```
>>> np.sum(a)        #所有元素和
10
>>> np.nanprod(a)        #默认轴上所有元素乘积
0
>>> np.nansum(a)        #默认轴上所有元素和
10
>>> np.cumprod(a)        #默认轴上元素的累积乘积。
array([0, 0, 0, 0, 0])
>>> np.diff(a)        #默认轴上元素差分。
array([1, 1, 1, 1])
```

6.6.5　指数和对数

常用指数函数和对数函数如下。

numpy.exp(x)：计算输入数组中所有元素的指数。

numpy.expm1(x)：对数组中的所有元素计算 exp(x) − 1。

numpy.exp2(x)：对于输入数组中的所有 p，计算 2^p。

numpy.log(x)：计算自然对数。

numpy.log10(x)：计算常用对数。

numpy.log2(x)：计算二进制对数。

numpy.log1p(x)：log(1 + x)。

numpy.logaddexp(x1, x2)：$\log2(2^{x1} + 2^{x2})$。

numpy.logaddexp2(x1, x2)：log(exp(x1) + exp(x2))。

6.6.6　算术运算

当然，NumPy 也提供了一些用于算术运算的方法，使用起来会比 Python 提供的运算符灵活一些，主要是可以直接针对数组。

numpy.add(x1, x2)：对应元素相加。

numpy.reciprocal(x)：求倒数 1/x。

numpy.negative(x)：求对应负数。

numpy.multiply(x1, x2)：求解乘法。

numpy.divide(x1, x2)：相除 x1/x2。

numpy.power(x1, x2)：类似于 $x1^{x2}$。

numpy.subtract(x1, x2)：减法。

numpy.fmod(x1, x2)：返回除法的元素余项。

numpy.mod(x1, x2)：返回余项。

numpy.modf(x1)：返回数组的小数和整数部分。

numpy.remainder(x1, x2)：返回除法余数。

```
>>> import numpy as np
```

```
>>> a1=np.random.randint(0, 10, 5)
>>> a2=np.random.randint(0, 10, 5)
>>> a1
array([3, 7, 8, 0, 0])
>>> a2
array([1, 8, 6, 4, 4])
>>> np.add(a1, a2)
array([ 4, 15, 14, 4, 4])
>>> np.reciprocal(a1)
array([0, 0, 0, , ])
>>> np.negative(a1)
array([-3, -7, -8, 0, 0])
>>> np.multiply(a1, a2)
array([ 3, 56, 48, 0, 0])
>>> np.divide(a1, a2)
array([3, 0, 1, 0, 0])
>>> np.power(a1, a2)
array([3, 5764801, 262144, 0, 0])
>>> np.subtract(a1, a2)
array([ 2, -1, 2, -4, -4])

>>> np.fmod(a1, a2)
array([0, 7, 2, 0, 0])
>>> np.mod(a1, a2)
array([0, 7, 2, 0, 0])
>>> np.modf(a1)
(array([ 0., 0., 0., 0., 0.]), array([ 3., 7., 8., 0., 0.]))
>>> np.remainder(a1, a2)
array([0, 7, 2, 0, 0])
>>>
```

6.6.7　矩阵和向量积

求解向量、矩阵、张量的点积等同样是 NumPy 非常强大的地方。
numpy.dot(a, b)：求解两个数组的点积。
numpy.vdot(a, b)：求解两个向量的点积。
numpy.inner(a, b)：求解两个数组的内积。
numpy.outer(a, b)：求解两个向量的外积。
numpy.matmul(a, b)：求解两个数组的矩阵乘积。
numpy.tensordot(a, b)：求解张量点积。

numpy.kron(a, b)：计算 Kronecker 乘积。

6.6.8　随机函数

常用随机函数如下。

numpy.random.rand(d0, d1, …, dn)：指定一个数组，并使用 [0, 1) 区间的随机数据填充，这些数据均匀分布。

numpy.random.randn(d0, d1, …, dn)：与 numpy.random.rand(d0, d1, …, dn) 的区别在于，返回的随机数据符合标准正态分布。

numpy.random.random.randint (low, high, size, dtype)：生成 [low, high) 的随机整数。

numpy.random.random_integers(low, high, size)：生成 [low, high] 的 np.int 类型随机整数。

numpy.random.random_sample(size)：将在 [0, 1) 区间生成指定 size 的随机浮点数。

numpy.choice(a, size, replace, p)：在给定的一维数组里生成随机数。

numpy.random.beta(a, b, size)：从 Beta 分布中生成随机数。

numpy.random.binomial(n, p, size)：从二项分布中生成随机数。

numpy.random.chisquare(df, size)：从卡方分布中生成随机数。

numpy.random.dirichlet(alpha, size)：从 Dirichlet 分布中生成随机数。

numpy.random.exponential(scale, size)：从指数分布中生成随机数。

numpy.random.f(dfnum, dfden, size)：从 F 分布中生成随机数。

numpy.random.gamma(shape, scale, size)：从 Gamma 分布中生成随机数。

numpy.random.geometric(p, size)：从几何分布中生成随机数。

numpy.random.gumbel(loc, scale, size)：从 Gumbel 分布中生成随机数。

numpy.random.hypergeometric(ngood, nbad, nsample, size)：从超几何分布中生成随机数。

numpy.random.laplace(loc, scale, size)：从拉普拉斯双指数分布中生成随机数。

numpy.random.logistic(loc, scale, size)：从逻辑分布中生成随机数。

numpy.random.lognormal(mean, sigma, size)：从对数正态分布中生成随机数。

numpy.random.logseries(p, size)：从对数系列分布中生成随机数。

numpy.random.multinomial(n, pvals, size)：从多项分布中生成随机数。

numpy.random.multivariate_normal(mean, cov, size)：从多变量正态分布中绘制随机样本。

numpy.random.negative_binomial(n, p, size)：从负二项分布中生成随机数。

numpy.random.noncentral_chisquare(df, nonc, size)：从非中心卡方分布中生成随机数。

numpy.random.noncentral_f(dfnum, dfden, nonc, size)：从非中心 F 分布中抽取样本。

numpy.random.normal(loc, scale, size)：从正态分布绘制随机样本。

numpy.random.pareto(a, size)：从具有指定形状的 Pareto II 或 Lomax 分布中生成随机数。

numpy.random.poisson(lam, size)：从泊松分布中生成随机数。

numpy.random.power(a, size)：从具有正指数 a–1 的功率分布中在 0、1 中生成随机数。

numpy.random.rayleigh(scale, size)：从瑞利分布中生成随机数。

numpy.random.standard_cauchy(size)：从标准 Cauchy 分布中生成随机数。

numpy.random.standard_exponential(size)：从标准指数分布中生成随机数。

numpy.random.standard_gamma(shape, size)：从标准 Gamma 分布中生成随机数。

numpy.random.standard_normal(size)：从标准正态分布中生成随机数。

numpy.random.standard_t(df，size)：从具有 df 自由度的标准学生 T 分布中生成随机数。

numpy.random.triangular(left, mode, right, size)：从三角分布中生成随机数。

numpy.random.uniform(low, high, size)：从均匀分布中生成随机数。

numpy.random.vonmises(mu, kappa, size)：从 von Mises 分布中生成随机数。

numpy.random.wald(mean, scale, size)：从 Wald 或反高斯分布中生成随机数。

numpy.random.weibull(a, size)：从威布尔分布中生成随机数。

numpy.random.zipf(a, size)：从 Zipf 分布中生成随机数。

6.6.9　代数运算

Numpy 中还包含一些代数运算的方法，尤其是涉及矩阵的计算方法，用于求解特征值、特征向量、逆矩阵等，非常方便。

numpy.linalg.cholesky(a)：Cholesky 分解。

numpy.linalg.qr(a，mode)：计算矩阵的 QR 因式分解。

numpy.linalg.svd(a，full_matrices, compute_uv)：奇异值分解。

numpy.linalg.eig(a)：计算正方形数组的特征值和右特征向量。

numpy.linalg.eigh(a, UPLO)：返回 Hermitian 或对称矩阵的特征值和特征向量。

numpy.linalg.eigvals(a)：计算矩阵的特征值。

numpy.linalg.eigvalsh(a, UPLO)：计算 Hermitian 或真实对称矩阵的特征值。

numpy.linalg.norm(x，ord, axis, keepdims)：计算矩阵或向量范数。

numpy.linalg.cond(x, p)：计算矩阵的条件数。

numpy.linalg.det(a)：计算数组的行列式。

numpy.linalg.matrix_rank(M, tol)：使用奇异值分解方法返回秩。

numpy.linalg.slogdet(a)：计算数组的行列式的符号和自然对数。

numpy.trace(a, offset, axis1, axis2, dtype, out)：沿数组的对角线返回总和。

numpy.linalg.solve(a, b)：求解线性矩阵方程或线性标量方程组。

numpy.linalg.tensorsolve(a, b, axes)：求解 x 的张量方程 ax=b。

numpy.linalg.lstsq(a, b, rcond)：将最小二乘解返回到线性矩阵方程。

numpy.linalg.inv(a)：计算逆矩阵。

numpy.linalg.pinv(a, rcond)：计算矩阵的伪逆。

numpy.linalg.tensorinv(a, ind)：计算 N 维数组的逆。

6.6.10　其他

除了上面这些归好类别的方法，NumPy 中还有一些用于数学运算的方法，归纳如下。

numpy.angle(z, deg)：返回复参数的角度。

numpy.real(val)：返回数组元素的实部。

numpy.imag(val)：返回数组元素的虚部。

numpy.conj(x)：按元素方式返回共轭复数。

numpy.convolve(a, v, mode)：返回线性卷积。

numpy.sqrt(x)：平方根。

numpy.cbrt(x)：立方根。

numpy.square(x)：平方。

numpy.absolute(x)：绝对值，可求解复数。

numpy.fabs(x)：绝对值。

numpy.sign(x)：符号函数。

numpy.maximum(x1, x2)：最大值。

numpy.minimum(x1, x2)：最小值。

numpy.nan_to_num(x)：用 0 替换 NaN。

numpy.interp(x, xp, fp, left, right, period)：线性插值。

numpy.mean()：平均值。

numpy.std()：标准差。

numpy.var()：方差。

numpy.max()：最大值。

numpy.min()：最小值。

6.6.11　应用举例

以下举例说明如何应用常用函数解决实际问题。

【实例 6-4】

求解方程根的方法有很多，这里使用简单迭代法求解方程的根。下面简单介绍一下求解的基本思路。

首先，将方程转换为以下形式：

$$x=\varphi(x)$$

则迭代方程为：

$$x_{n+1}=\varphi(x_n)$$

然后，确定初始值 x_0（如为 1），精度 $\varepsilon=10^{-6}$。

最后，反复迭代直到 $x_{n+1}-x_n| \leqslant \varepsilon$。

假定待求解的方程为：

$$xe^x-1=0$$

```
# 程序名称：PDA6601.py
# 程序功能：方程求解的应用
#x*exp(x)-1=0==>x=1/exp(x)
import numpy as np
x=0.1
eps=0.00000001
y=1/np.exp(x)
```

```
while (np.abs(x-y)>eps):
    x=y
    y=1/np.exp(x)
```

print(" 方程的根 =", x)

运行后输出结果为：

方程的根 =0.5671432943637605

【实例 6-5】

求解线性方程组

$$\begin{cases} x_1+2x_2+3x_3=1 \\ 2x_1+2x_2+5x_3=2 \\ 3x_1+5x_2+x_3=3 \end{cases}$$

记

$$A=\begin{bmatrix} 1 & 2 & 3 \\ 2 & 2 & 5 \\ 3 & 5 & 1 \end{bmatrix}$$

$$X=\begin{bmatrix} x_1 & x_2 & x_3 \end{bmatrix}^T$$

$$b=\begin{bmatrix} 1 & 2 & 3 \end{bmatrix}^T$$

则 AX=b。

利用 Numpy 的函数求解的方法有如下两种。

（1）利用 numpy.linalg.inv(a) 计算逆矩阵，然后利用 numpy.matmul(a, b) 求解两个数组的矩阵乘积。

$$X=A^{-1}b$$

（2）利用 numpy.linalg.solve(a, b) 求解线性矩阵方程或线性标量方程组。

求解程序如下。

```
# 程序名称：PDA6602.py
# 程序功能：线性方程组求解的应用
import numpy as np
A=np.array([[1, 2, 3], [2, 2, 5], [3, 5, 1]])
b=np.array([[1], [2], [3]])
# 方法 1：numpy.linalg.solve(a, b)
X1=np.linalg.solve(A, b)
print("X1=", X1)
# 方法 2：X=inv(A)b
```

```
A1=np.linalg.inv(A)        # 计算逆矩阵
X2=np.matmul(A1, b)        # 求解两个数组的矩阵乘积
print("X2=", X2)
```

运行后输出结果为：

```
X1=[[ 1.]
 [-0.]
 [ 0.]]
X2=[[ 1.00000000e+00]
 [-1.11022302e-16]
 [ 0.00000000e+00]]
```

6.7　本章小结

本章介绍了 NumPy 模块的安装与引入、ndarray 数组的创建、NumPy 数组常用的基本操作、NumPy 数组索引和切片、数组的排序和搜索及计数、与数组有关的常用函数，并举例说明如何应用常用函数解决实际问题。

6.8　思考和练习

1. 安装和引入 NumPy 模块。
2. 利用 array() 方法创建 ndarray 数组。
3. 上机熟悉 NumPy 数组的主要操作。
4. 上机熟悉 NumPy 数组的索引和切片。
5. 上机熟悉 NumPy 数组的排序、搜索和计数等操作。
6. 编程求解以下方程：

$$xsin(x)-1=0$$

7. 编程求解以下方程组：

$$\begin{cases} 3x_1-2x_2+x_3-x_4=8 \\ 4x_2-x_3+2x_4=-3 \\ 2x_3+3x_4=11 \\ 5x_4=15 \end{cases}$$

第 7 章 Pandas 模块及应用

本章的学习目标:
- 了解 Pandas 的基本概念
- 掌握 Series 的含义,学会创建 Series 对象,掌握其主要操作
- 掌握 DataFrame 的含义,学会创建 DataFrame 对象,掌握其主要操作
- 掌握数据处理的基本操作
- 掌握数据分析的基本操作

Pandas 是基于 NumPy 构建的一种能够更快、更简单地进行数据分析工作的操作工具。它纳入了大量库和一些标准的数据模型,提供了高效操作大型数据集所需的工具,提供了大量能快速便捷地处理数据的函数和方法。因此,虽然 NumPy 提供了通用的数值数据处理的计算基础,但大多数使用者一般将 Pandas 作为统计和分析工作的基础,尤其是处理表格数据时。

7.1 Pandas 概述

1. Pandas 简介

Pandas 是 Python 的一个数据分析包,最初由 AQR Capital Management 于 2008 年 4 月开发,并于 2009 年底开源出来,目前由专注于 Python 数据包开发的 PyData 开发团队继续开发和维护,属于 PyData 项目的一部分。Pandas 最初被作为金融数据分析工具而开发出来,因此,Pandas 为时间序列分析提供了很好的支持。Pandas 的名称来自于面板数据(panel data)和 Python 数据分析(data analysis)。

2. Pandas 基本数据结构

Pandas 中主要有两种数据结构,即 Series 和 DataFrame。Series 是一种类似于一维数据的对象,由一组数据(各种 NumPy 数据类型)以及一组与之相关的数据标签(即索引)组成。DataFrame 是一种表格型的数据结构,包含一组有序的列,每列可以是不同的数据类型(如数值、字符串、布尔型等),DataFrame 既有行索引也有列索引,可以被看作由 Series 组成的字典。

3. Pandas 安装与引入

作为 Python 的第三方库,在使用前需要安装 Pandas 以及相关组件。Pandas 的安装命令如下:

```
python –m  pip install pandas
```

安装好 Pandas 后，便可使用如下方式引入：

import pandas as pd　　　# 将 pandas 简写为 pd

7.2　Series 数据结构

7.2.1　Series 简介

Series 是带标签的一维数组的对象，可存储整数、浮点数、字符串、Python 对象等类型的数据。Series 由一组数据（各种 NumPy 数据类型）以及一组与之相关的数据标签（即索引）组成。Series 的数据结构形式如图 7-1 所示。

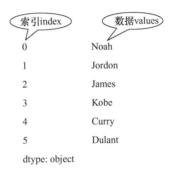

图 7-1　Series 数据结构形式

7.2.2　Series 对象的创建

Series 对象的数据可以由列表给出，也可以由 NumPy 数组给出，还可以由字典的值（value）给出。

Series 对象的索引值可显式地设定，也可以由系统自动设置。利用 index 属性可显式地设定索引。当未显式设定索引时，系统会自动创建一个 0 到 n-1（n 为数据的长度）的整数型索引。

当利用字典创建 Series 对象时，字典的键（key）和值（value）分别转换为 Series 对象的索引和数据。

以下举例说明。

【实例 7-1】

```
# 程序名称：PDA7201.py
# 功能：Series 对象的创建
import numpy as np
import pandas as pd
values_list=["Noah", "Jordon", "James", "Kobe", "Curry", "Dulant"]
# 未显式地设定索引
series1=pd.Series(values_list)
```

```
print("series1=", series1)
# 显式地设定索引
indexs_list=["A", "B", "C", "D", "E", "F"]
series2=pd.Series(values_list, index=indexs_list)
print("series2=", series2)
# 由字典对象创建 Series 对象
dict1={"a":"Noah", "b":"Jordon", "c":"James", "d":"Kobe", "e":"Curry", "f":"Dulant"}
series3=pd.Series(dict1)
print("series3=", series3)
# 由 NumPy 数组给出 Series 对象的数据
values_np=np.array(values_list)
series4=pd.Series(values_np)
print("series4=", series4)
```

运行后输出结果为：

```
series1=0      Noah
1      Jordon
2      James
3      Kobe
4      Curry
5      Dulant
dtype: object
series2=A      Noah
B      Jordon
C      James
D      Kobe
E      Curry
F      Dulant
dtype: object
series3=a      Noah
b      Jordon
c      James
d      Kobe
e      Curry
f      Dulant
dtype: object
series4=0      Noah
1      Jordon
2      James
```

3　　Kobe

4　　Curry

5　　Dulant

dtype: object

7.2.3　Series 对象的主要操作

1. Series.values、Series.index 和 Series.name

可以通过 Series 的 values、index 和 name 属性获取其数组表现形式、索引对象和列名。例如：

values_list=["Noah", "Jordon", "James", "Kobe", "Curry", "Dulant"]

indexs_list=["A", "B", "C", "D", "E", "F"]

series1=pd.Series(values_list, index=indexs_list, name="NBA")

因此，series1 结果如下：

series1=A　　　Noah

B　　　Jordon

C　　　James

D　　　Kobe

E　　　Curry

F　　　Dulant

dtype: object

那么，series1.index 和 series1.values 的值分别为：

series1.index=Index(['A', 'B', 'C', 'D', 'E', 'F'], dtype='object')

series1.values=['Noah' 'Jordon' 'James' 'Kobe' 'Curry' 'Dulant']

series1.name='NBA'

2. Series 的索引和切片

Series 的索引、切片可分为显式索引和隐式索引、显式切片和隐式切片。下面先创建一个 Series 对象 ser1，然后分别介绍显式索引和隐式索引、显式切片和隐式切片。

values_list=["Noah", "Jordon", "James", "Kobe", "Curry", "Dulant"]

index_list=list('abcdef')

ser1=Series(values_list, index=index_list, name="NBA")

ser1=

a　　　Noah

b　　　Jordon

c　　　James

d　　　Kobe

e　Curry

f　Dulant

Name: NBA, dtype: object

1）显式索引

显示索引就是使用 index 中的元素作为索引值。一般有以下两种方式：

Series['a']

或

Series.loc['a']

以上获取 index 中的元素为 'a'，对应获取 values 中的值 'Noah'。

2）隐式索引

隐式索引就是使用行号来获取相应值。一般有以下两种方式：

Series[0]

或

Series.iloc[0]

以上获取行号为 0，对应 values 中的元素 'Noah'。

3）显式切片

显示切片就是使用 index 中的元素值区域来进行切片。一般有以下两种方式：

Series['a': 'c']

或

Series.loc['a': 'c']

以上得到 index 中的元素值区域 'a': 'c'，对应元素构成的 Series 对象，即：

a　Noah

b　Jordon

c　James

Name: NBA, dtype: object

4）隐式切片

隐式切片就是使用行号来获取相应值。一般有以下两种方式：

Series[0:3]

或

Series.iloc[0:3]

以上得到由 ser1 中行号 0、1 和 2 对应的元素构成的 Series 对象，即：

a　　Noah
b　　Jordon
c　　James
Name: NBA, dtype: object

3. 其他操作

pd.isnull(Series)：返回的也是一个 Series，但是值变成了 bool，该方法判断 value 是不是 NaN。但是 Key 还是一样的，都是 Series 本身自带的索引。

Series1 + Series2：返回值会按照 index 进行排序，会找到对应的 index 的 value 进行相加。要注意的是，Series 检查到默认的值为 NaN。如果有一者为 NaN，那么加起来也是 NaN。

Series > value：返回一个 btype 为 bool 的 Series 对象。注意，这里 > 也可换成 >=、==、!=、<、<= 等。

7.2.4　Series 应用举例

以下举例说明 Series 的应用。
【实例 7-2】

```
# 程序名称：PDA7202.py
# 功能：Pandas 使用（Series）
#!/usr/bin/python
# -*- coding: UTF-8 -*-
import numpy as np
import pandas as pd
from pandas import Series, DataFrame

# 创建 Series
values_list=["Noah", "Jordon", "James", "Kobe", "Curry", "Dulant"]
index_list=list('abcdef')
ser1=Series(values_list, index=index_list)
print("ser1=\n", ser1)

# 显式索引
print("ser1[a]=", ser1['a'])       # 获取索引为 'a' 的数据
print("ser1.loc[a]=", ser1.loc['a'])     # 通过 .loc[] 获取索引为 'a' 的数据
# 隐式索引
print("ser1[0]=", ser1[0])      # 获取行号为 0 的数据
print("ser1.iloc[0]=", ser1.iloc[0])       # 通过 .iloc[] 获取行号为 0 的值
```

```
# 显式切片
print("ser1[a:c]=", ser1['a':'c'])      # 获取索引为 'a'、'b' 和 'c' 对应的数据
print("ser1.loc[a:c]=", ser1.loc['a':'c'])      # 通过 .loc[] 获取索引为 'a'、'b' 和 'c' 对应的
                                                 # 数据
# 隐式切片
print("ser1[0:3]=", ser1[0:3])      # 获取行号为 0、1 和 2 对应的数据
print("ser1.iloc[0:3]=", ser1.iloc[0:3])      # 通过 .iloc[] 获取索引为 0、1 和 2 对应的数据

#numpy 数组运算
ser2=ser1[ser1=='Noah']
print("ser2=", ser2)
ser3=ser1*2
print("ser3=", ser3)

# 可将 Series 看成定长的有序字典，这样可使用一些字典函数
print('a' in ser1)      #True
print('m' in ser1)      #False
print('Noah' in ser1.values)      #True
print('Amy' in ser1.values)      #False

#pandas 中 isnull 和 notnull 函数用于检测缺失数据
print(pd.isnull(ser1))      # 等效于 ser1.isnull()
print(pd.notnull(ser1))

#Series 对象本身及其索引都有一个 name 属性
ser1.name='NBA'
ser1.index.name='No.'
print("ser1=", ser1)
# 索引可以通过赋值的方式进行改变
ser1.index=['No1', 'No2', 'No3', 'No4', 'No5', 'No6']
print("ser1=", ser1)
```

7.3　DataFrame 数据结构

7.3.1　DataFrame 概述

　　DataFrame 是一个表格型的数据结构，它含有一组有序的列，每列可以是不同的数据类型（如数值、字符串、布尔型等）。DataFrame 是一种二维的数据结构，非常接近于电子表格或者类似 MySQL 数据库的形式。它的列称为 columns，行称为 index（与 Series 一样）。

DataFrame 既有行索引也有列索引，它可以被看作由 Series 组成的字典（共用同一个索引）。

7.3.2　DataFrame 的创建

DataFrame 的创建方法有多种，下面介绍 6 种创建方法。

1. 基于列表（list）组成的字典创建

举例如下：

```
list11=["Federer", "Nader", "Djokovic "]
list12=["Jordon", "Kobe", "James"]
list13=["Maradora", "Bailey ", "Rollaldo "]
data11={
    "tennis ":list11,
    "basketball":list12,
    "football":list13
}
df11=pd.DataFrame(data11)
print("df11=", df11)
```

则 df11 的内容为：

```
df11=    tennis  basketball  football
0    Federer    Jordon    Maradora
1    Nader      Kobe      Bailey
2    Djokovic   James     Rollaldo
```

特别提示：

（1）由列表组成的字典创建 DataFrame，columns 为字典的 key，index 为默认的数字标签。

（2）字典的值的长度必须保持一致。

2. 由 Series 组成的字典创建

举例如下：

```
list21=["Apple", "Samsung", "Huawei"]
list22=["Toyota ", "Volkswagen ", "Honda"]
list23=["ByteDance", "Tencent ", "Alibaba"]
series21=pd.Series(list21)
series22=pd.Series(list22)
series23=pd.Series(list23)
data21={"mobilephone":series21,
        "auto":series22,
        "IT":series23
```

```
        }
df21=pd.DataFrame(data21)
print("df21=", df21)
```

则 df21 的内容为：

```
df21=      mobilephone   auto       IT
0     Apple       Toyota       ByteDance
1     Samsung     Volkswagen   Tencent
2     Huawei      Honda        Alibaba
```

特别提示：

（1）由 Series 组成的字典创建 DataFrame，columns 为字典的键，index 为 Series 的标签（如果 Series 没有指定标签，则默认为数字标签）。

（2）Series 长度可以不一样，生成的 DataFrame 会出现 NaN 值。这是与前面的使用列表字典创建 DataFrame 的最大不同点，它会自动对齐。

3. 通过二维数组创建

举例如下：

```
arr=np.random.rand(9).reshape(3, 3)
print("arr=", arr)
df31=pd.DataFrame(arr)
print("df31=", df31)
```

则 df31 的内容为：

```
df31=           0          1          2
0       0.291564   0.520902   0.841443
1       0.411149   0.501617   0.224873
2       0.418966   0.712530   0.873583
```

特别提示：

（1）通过二维数组直接创建 DataFrame，得到相同维数的数据，如果不能指定 index 和 columns，两者均返回默认数值格式。

（2）index 和 columns 的指定长度和原数组保持一致。

4. 由字典组成的列表来创建

举例如下：

```
data4=[{"one":1, "two":2}, {"one":5, "two":10, "three":15}]
df41=pd.DataFrame(data4)
print("df41=", df41)
```

则 df41 的内容为：

df41=　　　one　　two　　three
0　　　　　1　　　2　　　NaN
1　　　　　5　　　10　　15.0

特别提示：

由字典组成的列表创建 DataFrame，columns 为字典的 key，index 不指定，默认为数字标签。

5. 由字典组成的字典创建

举例如下：

dict51={"math":132, "english":125, "chinese":112 , "others":249}

dict52={"math":135, "english":136, "chinese":138 , "others":291}

dict53={"math":121, "english":115, "chinese":112 , "others":202}

dict54={"math":132, "english":125, "chinese":137 , "others":236}

dict55={"math":126, "english":120, "chinese":133 , "others":261}

data5={
　　　"Jenny":dict51,
　　　"Noah":dict52,
　　　"John":dict53,
　　　"Marry":dict54,
　　　"Tom":dict55
}

df51=pd.DataFrame(data5)

print("df51=", df51)

则 df51 的内容如下：

df51=　　Jenny　　Noah　　John　　Marry　　Tom

math　　　132　　　135　　　121　　　132　　　126

english　　125　　　136　　　115　　　125　　　120

chinese　　112　　　138　　　112　　　137　　　133

others　　　249　　　291　　　202　　　236　　　261

6. 由 Excel 文件创建

假定 Excel 工作簿 data7.xls 的工作表 score 的内容如图 7-2 所示，则使用 Pandas 中的 read_excel() 方法即可读取数据到 DataFrame。具体如下：

	A	B	C	D	E	F	G	H	I	J
1	学号	姓名	性别	籍贯	数学	语文	政治	综合	总分	备注
2	970101	张三	男	河北	92	62	73	158	385	
3	970102	李四	男	江西	81	95	55	138	369	
4	970103	王五	女	河南	70	75	68	196	409	
5	970104	小雅	男	贵州	80	59	83	142	364	
6	970105	吴一	女	贵州	78	75	71	176	400	

图 7-2　工作表 score 的内容

df=read_excel('data7.xls', 'score', na_values=['NA'])

则 df 的内容为：

	学号	姓名	性别	籍贯	数学	语文	政治	综合	总分	备注
0	970101	张三	男	河北	92	62	73	158	385	NaN
1	970102	李四	男	江西	81	95	55	138	369	NaN
2	970103	王五	女	河南	70	75	68	196	409	NaN
3	970104	小雅	男	贵州	80	59	83	142	364	NaN
4	970105	吴一	女	贵州	78	75	71	176	400	NaN

说明：

（1）为了正确读取 Excel 文件到 DataFrame 中，在使用方法 read_excel() 时，必须完成以下操作：

① 安装 xlrd 模块：

python -m install xlrd

② 引入 read_excel：

from pandas import Series, DataFrame, read_excel

（2）利用 read_excel() 方法读取工作表时，第一行转换为 DataFrame 数据结构的列名，其他转换为 values 的内容。

（3）本章实例所使用的数据基本上从 Excel 文件中读取，因此在相关实例中往往以工作表形式展示相关数据，仅注明数据取自某工作簿中的某工作表。例如，数据取自某工作簿中的某工作表等。

【实例 7-3】

```
# 程序名称：PDA7301.py
# 功能：DafaFrame 的创建
#!/usr/bin/python
# -*- coding: UTF-8 -*-
import numpy as np
import pandas as pd
from pandas import Series, DataFrame, read_excel


#1.DataFrame 创建方法一：基于列表（list）组成的字典创建
list11=["Federer", "Nader", "Djokovic "]
list12=["Jordon", "Kobe", "James"]
list13=["Maradora", "Bailey ", "Rollaldo "]
data11={
    "tennis ":list11,
    "basketball":list12,
    "football":list13
```

```
}
df11=pd.DataFrame(data11)
df12=pd.DataFrame(data11, index=['A', 'B', 'C'])
print("df11=", df11)
print(df11.index)
print(df11.columns)
print()
print("df12=", df12)
print(df12.index)
print(df12.columns)


#2.DataFrame 创建方法二：由 Series 组成的字典创建
list21=["Apple", "Samsung", "Huawei"]
list22=["Toyota ", "Volkswagen ", "Honda"]
list23=["ByteDance", "Tencent ", "Alibaba"]
series21=pd.Series(list21)
series22=pd.Series(list22)
series23=pd.Series(list23)

data21={"mobilephone":series21,
            "auto":series22,
                "IT":series23
        }

df21=pd.DataFrame(data21)
df22=pd.DataFrame(data21)
print("df21=", df21)
print(df21.index)
print(df21.columns)
print()
print("df22=", df22)
print(df22.index)
print(df22.columns)

#3.DataFrame 创建方法三：通过二维数组创建
arr=np.random.rand(9).reshape(3, 3)
print("arr=", arr)
df31=pd.DataFrame(arr)
print("df31=", df31)
```

```
print(df31.index)
print(df31.columns)
df32=pd.DataFrame(arr, index=["a", "b", "c"], columns=["one", "two", "three"])
print("df32=", df32)
print(df32.index)
print(df32.columns)


#4.DataFrame 创建方法四：由字典组成的列表创建
data4=[{"one":1, "two":2}, {"one":5, "two":10, "three":15}]
df41=pd.DataFrame(data4)
df42=pd.DataFrame(data4, index=["a", "b"])
df43=pd.DataFrame(data4, columns=["one", "two"])
df44=pd.DataFrame(data4, columns=["one", "two", "three"])
print("df41=", df41)
print(df41.index)
print(df41.columns)
print("df42=", df42)
print(df42.index)
print(df42.columns)
print("df43=", df43)
print(df43.index)
print(df43.columns)
print("df44=", df44)
print(df44.index)
print(df44.columns)


#5.DataFrame 创建方法五：由字典组成的字典创建

dict51={"math":132, "english":125, "chinese":112 , "others":249}
dict52={"math":135, "english":136, "chinese":138 , "others":291}
dict53={"math":121, "english":115, "chinese":112 , "others":202}
dict54={"math":132, "english":125, "chinese":137 , "others":236}
dict55={"math":126, "english":120, "chinese":133 , "others":261}
data5={
    "Jenny":dict51,
    "Noah":dict52,
    "John":dict53,
    "Marry":dict54,
    "Tom":dict55
```

```
}
df51=pd.DataFrame(data5)
print("df51=", df51)
print(df51.index)
print(df51.columns)
#6.DataFrame 创建方法六：由 Excel 文件创建
df61=read_excel('data7.xls', 'score', na_values=['NA'])
print("df61=", df61)
print(df61.index)
print(df61.columns)
```

7.3.3　DataFrame 的主要操作

DataFrame 的主要操作详见表 7-1。

表 7-1　DataFrame 的主要操作

方　　法	说　　明
DataFrame(dict)	由字典 dict 生成 DataFrame
DataFrame(array)	由数组 array 生成 DataFrame
DataFrame.index	获取 index
DataFrame.columns	获取列名
DataFrame.values	获取所有表格内部信息（返回 ndarray）
DataFame['column']	获取某列 column（列名）的信息，返回的是一个 Series
DataFrame.column	获取某列 column（列名）的信息，返回的是一个 Series
DataFrame.iloc[,]	通过行列号进行查找，如 df.iloc[0, 1], df.iloc[0:1, 0:2] 等
DataFrame.loc[,]	通过具体的行列名字查找，如 df.loc['A', 'Tennis'], df.loc['A': 'B', 'Tennis': 'Basketball'] 等
DataFrame['column']=value	若列 column 存在，则用 value 修改现有列；否则，以 value 值为基础，创建新列，列名为 column
del DataFrame['column']	删除某一列 column
DafaFrame.column.min()	获取列 column 的最小值。这里 min() 可以换成 max()，也可以换成 Series 的一切可能的方法
DataFrame.column >=value	返回 Series

7.3.4　DataFrame 应用举例

【实例 7-4】

程序名称：PDA7302.py

```python
# 功能：Pandas 使用（DataFrame）
#!/usr/bin/python
# -*- coding: UTF-8 -*-
import numpy as np
import pandas as pd
from pandas import Series, DataFrame
#5.DataFrame 创建方法五：由字典组成的字典创建
dict1={"math":132, "english":125, "chinese":112 , "others":249}
dict2={"math":135, "english":136, "chinese":138 , "others":291}
dict3={"math":121, "english":115, "chinese":112 , "others":202}
dict4={"math":132, "english":125, "chinese":137 , "others":236}
dict5={"math":126, "english":120, "chinese":133 , "others":261}
data0={
    "Jenny":dict1,
    "Noah":dict2,
    "John":dict3,
        "Marry":dict4,
    "Tom":dict5
}
df1=pd.DataFrame(data0)
df2=df1.T       # 转置
print("df1=", df1)
print("df2=", df2)


# 增加新列
df2['totalscore']=df2.math+df2.english+df2.chinese+df2.others
print("df2=", df2)


# 通过检索、切片、条件等查询
# 按行列名检索、切片
print("Tom 的分数情况 =", df2.loc['Tom'])          # 单行
print(" 连续区域 1=", df2.loc['Noah':'Tom', 'math':'chinese'])        # 行列相交区域
list11=['Noah', 'Tom']
list12=['math', 'chinese']
print(" 间隔区域 1=", df2.loc[list11, list12])        # 间隔区域
# 按行列号检索、切片
print(df2.iloc[2])        # 单行
print(" 连续区域 2=", df2.iloc[0:2, 1:3])        # 行列相交区域
list21=[0, 2]
```

```
list22=[1, 3]
print(" 间隔区域 2=", df2.iloc[list21, list22])        # 间隔区域

print(" 各同学 math 分数 =", df2.math)
print("math>=80 的同学 =", df2.math>=80)
df2['passflag']=df2.totalscore>=600        # 总分不低于 600 即通过
print("df2=", df2)

# 删除列数据
del df2['passflag']
print("df2=", df2)
```

7.4　数据处理

7.4.1　数据清洗

数据分析的第一步是提高数据质量。数据清洗要做的就是处理缺失数据以及清除无意义的信息。这是数据价值链中最关键的步骤。基于垃圾数据进行分析，即便采用最好的分析方法和工具，也得不到理想的结果。

1. 重复行的处理

利用 drop_duplicates() 可删除数据结构中的重复行，仅保留其中的一行。例如，假定 DataFrame 数据结构的 values 值如表 7-2 所示。

表 7-2　values 值

学号	姓名	性别	籍贯	高数	英语	政治	C 语言	平均分	备注
970101	张三	男	河北	92	62	73	79	76.5	
970102	李四	男	江西	81	95	55	69	75	
970103	王五	女	河南	70	75	68	98	77.75	
970104	小雅	男	贵州	80	59	83	71	73.25	
970105	吴一	女	贵州	78	75	71	88	78	
970201	李明	男	甘肃	80	99	86	81	86.5	
970104	小雅	男	贵州	80	59	83	71	73.25	

显然，表 7-2 的数据中有重复行，这里以下画线标识出。

下面利用 drop_duplicates() 删除重复行，操作如下：

```
df1=df.drop_duplicates()
```

df1 的 values 值如表 7-3 所示。

表 7-3 df1 的 values 值

学号	姓名	性别	籍贯	高数	英语	政治	C 语言	平均分	备注
970101	张三	男	河北	92	62	73	79	76.5	
970102	李四	男	江西	81	95	55	69	75	
970103	王五	女	河南	70	75	68	98	77.75	
970104	小雅	男	贵州	80	59	83	71	73.25	
970105	吴一	女	贵州	78	75	71	88	78	
970201	李明	男	甘肃	80	99	86	81	86.5	

显然，df1 的 values 值中没有重复行。

2. 删除空白行

利用 dropna() 可删除数据结构中值为空的数据行。例如，假定 DataFrame 数据结构的 values 值如表 7-4 所示。

表 7-4 values 值

学号	姓名	性别	籍贯	高数	英语	政治	C 语言	平均分	备注
970101	张三	男	河北	92	62	73	79	76.5	
970102	李四	男	江西	81	95	55	69	75	
970103	王五	女	河南	70	75	68	98	77.75	
NaN	NaN	NaN	NaN	NaN	NaN	NaN	NaN	NaN	NaN
970105	吴一	女	贵州	78	75	71	88	78	
970201	李明	男	甘肃	80	99	86	81	86.5	
970104	小雅	男	贵州	80	59	83	71	73.25	

注：DataFrame 数据中缺失值使用 NaN 标记。

下面利用 dropna() 删除空白行，操作如下：

df1=df.dropna()

df1 的 values 值如表 7-5 所示。

表 7-5 df1 的 values 值

学号	姓名	性别	籍贯	高数	英语	政治	C 语言	平均分	备注
970101	张三	男	河北	92	62	73	79	76.5	
970102	李四	男	江西	81	95	55	69	75	
970103	王五	女	河南	70	75	68	98	77.75	
970105	吴一	女	贵州	78	75	71	88	78	
970201	李明	男	甘肃	80	99	86	81	86.5	
970104	小雅	男	贵州	80	59	83	71	73.25	

显然，df1 的 values 值中没有空白行。

3. 处理缺失数据

缺失数据在大部分数据分析应用中很常见。Pandas 的设计目标之一就是让缺失数据的处理任务尽量轻松。Pandas 使用浮点值 NaN 表示浮点和非浮点数据中的缺失数据。它只是一个便于被检测出来的标记而已。Python 中的内置 None 也会被当作 NA 处理。

NA 的处理方法如表 7-6 所示。

表 7-6　NA 的处理方法

方　　法	说　　明
df.dropna()	用于滤除缺失数据
df.fillna()	用其他值替代 NaN，如 fillna(0) 使用 0 替代 NaN，fillna('?') 使用 ? 替代 NaN
df.fillna(method='pad')	用前一个数据值替代 NaN
df.fillna(method='bfill')	用后一个数据值替代 NaN
df.fillna(df.mean())	用平均数或者其他描述性统计量来替代 NaN
df.fillna(df.mean()[column1: column2])	可以选择列进行缺失值的处理
df.isnull()	返回一个含有布尔值的对象，这些布尔值表示哪些值是缺失值 NaN。该对象的类型与源类型一样
df.notnull()	isnull 的否定式

【实例 7-5】

```
# 程序名称：PDA7401.py
# 功能：数据清洗
#!/usr/bin/python
# -*- coding: UTF-8 -*-
import numpy as np
import pandas as pd
from pandas import Series, DataFrame, read_excel

#1. 删除重复行：drop_duplicates
df10=read_excel('data7.xls', 'score11', na_values=['NA'])
df11=df10.drop_duplicates()
print("df11=", df11)

#2. 删除数据结构中值为空的数据行：dropna()
df20=read_excel('data7.xls', 'score12', na_values=['NA'])
df21=df20.dropna()
print("df21=", df21)

#3. 用其他数值替代 NaN：df.fillna()
# 有时直接删除空数据会影响分析的结果，可以对数据进行填补
```

```
df30=read_excel('data7.xls', 'score13', na_values=['NA'])
# (1) 使用? 替代 NaN
df31=df30.fillna('?')
print("df31=", df31)
# (2) 用前一个数据值替代 NaN: df.fillna(method='pad')
df32=df30.fillna(method='pad')
print("df32=", df32)

# (3) 用后一个数据值替代 NaN: df.fillna(method='bfill')
# 与 pad 相反, bfill 表示用后一个数据代替 NaN。可以用 limit 限制每列可以替代 NaN
的数目。
df33=df30.fillna(method='bfill')
print("df33=", df33)

# (4) 用平均数或者其他描述性统计量来替代 NaN: df.fillna(df.mean())
df34=df30.fillna(df30.mean())
print("df34=", df34)

# (5) 可以选择列进行缺失值的处理: df.fillna(df.mean()[])
df35=df30.fillna(df30.mean()[' 高数 ':' 平均分 '])
print("df35=", df35)
```

7.4.2　数据抽取

1. 字段抽取

slice() 方法可抽出某列上指定位置的数据，并以此作为新列。格式如下：

slice(start, end)

参数说明如下。

start：开始位置。

end：结束位置。

假定某 DataFrame 数据结构的 values 值如表 7-7 所示。

表 7-7　values 值

学号	姓名	性别	高数	英语	C 语言	出生年月
970101	张三	男	92	62	79	97–10
970102	李四	男	81	95	69	97–5
970203	胡四	男	55	72	91	96–1

续表

学号	姓名	性别	高数	英语	C 语言	出生年月
960104	温和	女	90	84	72	96–1
960205	贾正	女	57	74	79	96–10

注：数据保存在某工作簿中的某工作表。

现从学号中获取班级信息，学号前四位为班级号。

from pandas import DataFrame

from pandas import read_excel

df=read_excel('data7.xls', 'score2', na_values=['NA'])

df[' 学号 ']=df[' 学号 '].astype(str)　　　#astype() 转换类型

df[' 班级 ']=df[' 学号 '].str.slice(0, 4)　　　# 增加新列 ' 班级 '

经过上述操作后，DataFrame 数据结构的 values 值如表 7-8 所示。

表 7-8　values 值

学号	姓名	性别	高数	英语	C 语言	出生年月	班级
970101	张三	男	92	62	79	97–10	9701
970102	李四	男	81	95	69	97–5	9701
970203	胡四	男	55	72	91	96–1	9702
960104	温和	女	90	84	72	96–1	9601
960205	贾正	女	57	74	79	96–10	9602

2. 字段拆分

利用 split() 方法可按指定的字符拆分已有的字符串。

split(sep, n, expand=False)

参数说明如下。

sep：用于分隔字符串的分隔符。

n：分割后新增的列数。

expand：是否展开为数据框，默认为 False。

返回值：若 expand 为 True，则返回 DaraFrame；若为 False，则返回 Series。

假定某 DataFrame 数据结构的 values 值如表 7-9 所示。

表 7-9　values 值

学号	姓名	性别	高数	英语	C 语言	出生年月
970101	张三	男	92	62	79	97–10
970102	李四	男	81	95	69	97–5
970203	胡四	男	55	72	91	96–1
960104	温和	女	90	84	72	96–1
960205	贾正	女	57	74	79	96–10

注：数据保存在某工作簿中的某工作表。

from pandas import DataFrame

from pandas import read_excel

df=read_excel('data7.xls', 'score2', na_values=['NA'])

df2=df[' 出生年月 '].str.split('–', 1, True)　　　# 按第一个 "." 分成两列，1 表示新增的列数

此时，df2 的内容为：

```
df2=      0   1
0     97  10
1     97  5
2     96  1
3     96  1
4     96  10
```

3. 记录抽取

记录抽取是指根据一定的条件，对数据进行抽取。利用 dataframe() 可进行记录抽取，其格式如下：

dataframe[condition]

参数说明如下。

condition：过滤条件。

返回值：DataFrame。

常用的 condition 类型如下。

比较运算：<、>、>=、<=、!=。例如：df[df. 平均分 >60)]。

范围运算：between(left, right)。例如：df[df. 平均分 .between(60, 69)]。

空置运算：pandas.isnull(column)。例如：df[df.title.isnull()]。

字符匹配：str.contains(patten, na=False)。例如：df[df. 学号 .str.contains('97', na=False)]。

逻辑运算：&（与）、|（或）、not（取反）。例如：df[(df. 平均分 >=60)&(df. 平均分 <=69)]。

【实例 7-6】

程序名称：PDA7402.py

功能：数据抽取

#!/usr/bin/python

–*– coding: UTF–8 –*–

import numpy as np

import pandas as pd

from pandas import Series, DataFrame, read_excel

df=read_excel('data7.xls', 'score2', na_values=['NA'])

#1. 字段抽取：抽出某列上指定位置的数据作为新列

#slice(start, stop)

#start：开始位置；stop：结束位置

```
df[' 学号 ']=df[' 学号 '].astype(str)        #astype() 转换类型
df[' 班级 ']=df[' 学号 '].str.slice(0, 4)       # 增加新列 ' 班级 '
print("df=", df)
```

```
# 说明：学号为 970101，前四位为班级号，后两位为序号
#2. 字段拆分：按指定的字符拆分已有的字符串
#split(sep, n, expand=False)
# 返回值：若 expand 为 True，则返回 DaraFrame；若为 False，则返回 Series。
df2=df[' 出生年月 '].str.split('-', 1, True)       # 按第一个 "." 分成两列，1 表示新增的列数
print("df2=", df2)
df[' 年级 ']=df2[0]
print("df=", df)
```

```
#3. 记录抽取：根据一定的条件，对数据进行抽取
#dataframe[condition]
#condition：过滤条件
# 返回值：DataFrame
#（1）抽取 97 级学生信息
df31=df[df. 学号 .str.contains('97', na=False)]
#（2）抽取平均分位于 [70, 79] 的学生信息
df32=df[df. 高数 .between(70, 79)]
print("df31=", df31)
print("df32=", df32)
print("df=", df)
```

```
#（3）通过逻辑指针进行数据切片：df[ 逻辑条件 ]
df43=df[df. 高数 >=60]        # 单个逻辑条件
df44=df[(df. 高数 >=60)&(df. 高数 <=69)]        # 多个逻辑条件组合
print("df43=", df43)
print("df44=", df44)
```

7.4.3　排序和排名

1. 排序

利用 Series 的 sort_index(ascending=True) 方法可以对 index 进行排序操作，ascending 参数用于控制升序或降序，默认为升序。

在 DataFrame 中，sort_index(axis=0, by=None, ascending=True) 方法多了一个轴向的选择参数与一个 by 参数，by 参数的作用是针对某一（些）列进行排序（不能对行使用 by 参数）。

2. 排名

排名的作用与排序的不同之处在于，它会把对象的 values 替换成名次（从 1 到 n），对

于平级项可以通过方法里的 method 参数来处理，method 参数有四个可选项：average、min、max、first。

排名跟排序关系密切，且它会增设一个排名值（从 1 开始，一直到数组中有效数据的数量）。它跟 numpy.argsort 产生的间接排序索引差不多，只不过它可以根据某种规则破坏平级关系。默认情况下，排名是通过"为各组分配一个平均排名"的方式破坏平级关系的。

rank() 函数中，用于破坏平级关系的 method 选项如表 7-10 所示。

表 7-10　method 选项

method	描　　述
average	默认：在相等分组中，为各个值分配平均排名
min	使用整个分组的最小排名
max	使用整个分组的最大排名
first	按值在原始数据中的出现顺序分配排名

【实例 7-7】

```
# 程序名称：PDA7403.py
# 功能：排序和排名
#!/usr/bin/python
# -*- coding: UTF-8 -*-
import numpy as np
import pandas as pd
from pandas import Series, DataFrame, read_excel
#1. 排序：sort
#Series 中的排序方法
ser11=Series([79, 62, 88, 76, 77], index=['d', 'e', 'c', 'b', 'a'])
print("ser11=", ser11)

ser12=ser11.sort_index()
print("ser12=", ser12)

ser13=ser11.sort_values()
print("ser13=", ser13)

#DataFrame 中的排序方法
marketrate=[(0.48, 0.27, 0.25),
            (0.52, 0.3, 0.18),
```

```
                 (0.51, 0.29, 0.2)]
df11=DataFrame(marketrate, index=['2018', '2019', '2020'], columns=[' 丰田 ', ' 本田 ', ' 日产 '])
print("df11=", df11)
```

```
# 索引排序，分轴 0 和轴 1，若需要按照哪行排序，可利用 by=''，锁定某行值排序
#axis=0 代表对列操作，by=' 丰田 ' 代表对 name 为 ' 丰田 ' 的列处理，ascending 默认为
#True，代表升序排
# 在排序中，默认缺失值都会被放到最后
```

```
df12=df11.sort_index(axis=1)
print("df12=", df12)
```

```
#2. 排名：rank
#Series 中的排名方法
```

```
ser21=Series([50, 23, 47, 38, 14, 19, 38, 46, 21, 14])
print("ser21=", ser21)
```

```
ser22=ser21.rank()
print("ser2=", ser22)
```

```
ser23=ser21.rank(method='first')
print("ser23=", ser23)
```

```
#DataFrame 中的排名方法
marketrate=[(0.48, 0.27, 0.25),
                 (0.52, 0.3, 0.18),
                 (0.51, 0.29, 0.2)]
df21=DataFrame(marketrate, index=['2018', '2019', '2020'], columns=[' 丰田 ', ' 本田 ', ' 日产 '])
print("df21=", df21)
```

```
df22=df21.rank(axis=0)
print("df22=", df22)
```

```
df23=df21.rank(axis=1)
print("df23=", df23)
```

7.4.4　重新索引

Series 对象的重新索引通过其 reindex(index=None, **kwargs) 方法实现。**kwargs 中常用的参数有两个：method=None 和 fill_value=np.NaN。

reindex() 方法会返回一个新对象，其 index 严格遵循给出的参数，method:{'backfill', 'bfill', 'pad', 'ffill', None} 参数用于指定插值（填充）方式，当没有给出时，默认用 fill_value 填充，值为 NaN（ffill=pad，bfill=back fill，分别指插值时向前还是向后取值）。

DataFrame 对象的重新索引通过其方法 reindex(index=None, columns=None, **kwargs) 实现，仅比 Series 多了一个可选的 columns 参数，用于给列索引。用法与实例 7-7 的 Series 类似，只不过插值方法的 method 参数只能应用于行，即轴 axis=0。

【实例 7-8】

```python
# 程序名称：PDA7404.py
# 功能：重新索引
#!/usr/bin/python
# -*- coding: UTF-8 -*-
import numpy as np
import pandas as pd
from pandas import Series, DataFrame
#1.Series 中的 reindex 方法
ser11=Series([79, 62, 88, 76, 77], index=['d', 'a', 'c', 'e', 'b'])
# 方法 reindex() 会根据新索引重新排列，若索引值不存在，则引入缺省值
df11=ser11.reindex(['a', 'b', 'c', 'd', 'e'])
print("df11=", df11)
# 还可设置缺省项的值
df12=ser11.reindex(['a', 'b', 'c', 'd', 'e', 'f'], fill_value=0)
print("df12=", df12)

# 插值处理
# 对于时间序列这样的有序序列，重新索引时需要做一些插值处理
ser12=Series(['Jordon', 'James', 'Nowitzki', 'Curry'], index=[1, 2, 3, 4])
df13=ser12.reindex(range(6), method='ffill')
print("df13=", df13)

#2.DataFrame 中 reindex() 方法：reindex() 方法可以修改行索引或列索引，或两个都修改。如果仅传入一个序列，则会重新索引行
#DataFrame 中的 reindex() 方法
marketrate=[(0.48, 0.27, 0.25),
            (0.52, 0.3, 0.18),
            (0.51, 0.29, 0.2)]
```

```
df21=DataFrame(marketrate, index=['2018', '2019', '2020'], columns=[' 丰田 ', ' 本田 ', ' 日产 '])
print("df21=", df21)
df22=df21.reindex(['2018', '2019', '2020', '2021'])
print("df22=", df22)
# 使用 columns 关键字即可重新索引列
brands=[' 丰田 ', ' 铃木 ', ' 日产 ']
df23=df21.reindex(columns=brands)
print("df23=", df23)
# 可以同时对行和列进行重新索引，但插值只能按照行（即轴 0）应用
df24=df21.reindex(index=['2018', '2019', '2020', '2021'], method='ffill')
print("df24=", df24)
```

7.4.5　数据合并

1. 记录合并

记录合并是指两个结构相同的数据框合并成一个数据框。也就是在一个数据框中追加另一个数据框的数据记录。利用 concat() 函数可进行记录合并，其格式为：

concat([dataFrame1, dataFrame2, …])

参数说明：dataFrame1, dataFrame2, …为数据框。
返回值：DataFrame。
concat() 函数参数如表 7-11 所示。

表 7-11　concat() 函数参数

参　　数	说　　明
objs	参与连接的列表或字典，且列表或字典里的对象是 Pandas 数据类型，是唯一必须给定的参数
axis=0	指明连接的轴向，0 是纵轴，1 是横轴，默认是 0
join	'inner'（交集），'outer'（并集），默认是 'outer'，指明轴向索引的索引是交集还是并集
join_axis	指明用于其他 n-1 条轴的索引（层次化索引，某个轴向有多个索引），不执行交并集
keys	与连接对象有关的值，用于形成连接轴向上的层次化索引（外层索引），可以是任意值的列表或数组、元组数据、数组列表（如果将 levels 设置成多级数组）
levels	指定用作层次化索引各级别（内层索引）上的索引，如果设置 keys
names	用于创建分层级别的名称，如果设置 keys 或 levels
verify_integrity	检查结果对象新轴上的重复情况，如果发生重复，则引发异常，默认为 False，允许重复
ignore_index	不保留连接轴上的索引，产生一组新索引 range（total_length）

2. 字段合并

字段合并是指将同一个数据框中的不同的列进行合并，形成新的列。格式如下：

X=x1+x2+…

x1：数据列 1。

x2：数据列 2。

……

返回值：Series，合并后的系列，要求合并的系列长度一致。

3. 字段匹配

字段匹配是指将不同结构的数据框（两个或以上的数据框）按照一定的条件进行合并，即追加列。利用 merge() 函数可进行字段匹配，其格式如下：

merge(x, y, left_on, right_on)

x：第一个数据框。

y：第二个数据框。

left_on：第一个数据框的用于匹配的列。

right_on：第二个数据框的用于匹配的列。

返回值：DataFrame。

merge() 函数参数如表 7-12 所示。

表 7-12　merge() 函数参数

参　　数	说　　明
left	参与合并的左侧 DataFrame
right	参与合并的右侧 DataFrame
how	连接方式：'inner'（默认）；还有 'outer'、'left'、'right'
on	用于连接的列名，必须同时存在于左右两个 DataFrame 对象中，如果未指定，则以 left 和 right 列名的交集作为连接键
left_on	左侧 DataFarme 中用作连接键的列
right_on	右侧 DataFarme 中用作连接键的列
left_index	将左侧的行索引用作其连接键
right_index	将右侧的行索引用作其连接键
sort	根据连接键对合并后的数据进行排序，默认为 True。有时在处理大数据集时，禁用该选项可获得更好的性能
suffixes	字符串值元组，用于追加到重叠列名的末尾，默认为 ('_x','_y')。例如，左右两个 DataFrame 对象都有 'data'，则结果中就会出现 'data_x' 和 'data_y'
copy	设置为 False，可以在某些特殊情况下避免将数据复制到结果数据结构中。默认总是赋值

【实例 7-9】

```
# 程序名称：PDA7405.py
# 功能：数据合并
#!/usr/bin/python
# –*– coding: UTF–8 –*–
import numpy as np
import pandas as pd
```

from pandas import Series, DataFrame, read_excel
#1. 记录合并
df11=read_excel('data7.xls', 'score31', na_values=['NA'])
df12=read_excel('data7.xls', 'score32', na_values=['NA'])
df12u=pd.concat([df11, df12])
print("df11=", df11)
print("df12=", df12)
print("df12u=", df12u)

#2. 字段合并
df21=read_excel('data7.xls', 'score', na_values=['NA'])
df22=df21[' 高数 ']+df21[' 英语 ']+df21[' 政治 ']+df21['C 语言 ']
print("df22=", df22)

#3. 字段匹配
df31=read_excel('data7.xls', 'score33', na_values=['NA'])
df32=read_excel('data7.xls', 'score34', na_values=['NA'])
#df33=pd.merge(df31, df32, left_on=' 学号 ', right_on=' 学号 ')
df33=pd.merge(df31, df32)

print("df31=", df31)
print("df32=", df32)
print("df33=", df33)

7.4.6　数据分箱

数据分箱根据数据分析对象的特征，按照一定的数据指标，把数据划分为不同的区间进行研究，以揭示其内在的联系和规律性。Pandas 的 cut() 方法可以实现这些功能。该方法的用处是把分散的数据化为分段数据，例如，学生的分数可以分为（0, 59）、[60, 69]、[70, 79]、[80, 89]、[90, 100] 几个区间段；又如，大学新生入学时可将英语成绩分为 [0, 75)、[75, 85)、[85, 100]，以便实行分级教学。对分箱过的数据，同时可以添加新标签。cut() 方法的格式为：

cut(series, bins, right=True, labels=NULL)

参数说明如下。
series：需要分箱的数据。
bins ：分箱的依据数据。
right：分箱的时候右边是否闭合。
labels：分箱的自定义标签，可以不自定义。

以下举例说明。

假定某班同学高数成绩对应的 DataFrame 数据结构的 values 值如表 7-13 所示。

表 7-13   values 值

学号	姓名	性别	高数
970101	张三	男	92
970102	李四	男	81
970103	王五	女	70
970104	小雅	男	80
970105	吴一	女	78
⋮			

注：数据保存在某工作簿中的某工作表。

【实例 7-10】

程序名称：PDA7407.py
功能：数据分箱
#!/usr/bin/python
# –*– coding: UTF–8 –*–
import numpy as np
import pandas as pd
from pandas import Series, DataFrame, read_excel
# 数据分箱（cut）应用
df0=read_excel('data7.xls', 'cut1', na_values=['NA'])
scoresInterval=[0, 59, 69, 79, 89, 100]   # 分箱标准
scoreslevel=[" 不及格 "," 及格 "," 中等 "," 良好 "," 优秀 "]   # 分箱标签
df0[' 分数等级 ']=pd.cut(df0. 高数 , scoresInterval, labels=scoreslevel)
print("df0=", df0)

分箱后 df0 的内容如下：

```
df0=      学号      姓名    性别    高数    分数等级
0     970101   张三    男     92     优秀
1     970102   李四    男     81     良好
2     970103   王五    女     70     中等
3     970104   小雅    男     80     良好
4     970105   吴一    女     78     中等
......
```

7.4.7   数据查看

数据查看就是利用 DataFrame 数据框提供的一些方法显示相关信息。例如，head(n) 显

示前 n 行，tail(n) 显示后 n 行等。

以下举例说明。

【实例 7-11】

程序名称：PDA7408.py
功能：数据查看
#!/usr/bin/python
# –*– coding: UTF–8 –*–
import numpy as np
import pandas as pd
from pandas import Series, DataFrame, read_excel
# 数据查看应用
df=read_excel('data10.xls', 'score', na_values=['NA'])

print(df.head())　　　 # 默认显示前 5 行
print(df.head(3))　　　 # 查看前 3 行
print(df.tail())　　　 # 默认显示后 5 行
print(df.tail(2))　　　　 # 查看最后 2 行
print(df.index)　　　 # 查看索引
print(df.columns)　　　 # 查看列名
print(df.values)　　　 # 查看值
print(df.describe())　　　 # 平均值、标准差、最小值、最大值等信息

7.4.8　数据修改

数据修改就是利用 DataFrame 数据框提供的一些方法修改相关信息。

以下举例说明。

假定某班同学成绩表对应的 DataFrame 数据结构的 values 值如表 7-14 所示。

表 7-14　values 值

学号	姓名	性别	籍贯	高数	英语	政治	C 语言	平均分	备注
970101	张三	男	河北	92	62	73	79	76.5	
970102	李四	男	江西	81	95	55	69	75	
970103	王五	女	河南	70	75	68	98	77.75	
......									

注：数据保存在某工作簿中的某工作表。

【实例 7-12】

程序名称：PDA7411.py
功能：数据修改

```
#!/usr/bin/python
# -*- coding: UTF-8 -*-
import numpy as np
import pandas as pd
from pandas import Series, DataFrame, read_excel
df=read_excel('data7.xls', 'score', na_values=['NA'])
df.iat[0, 1]=' 张三丰 '        # 修改指定行、列位置的数据值
df.loc[:, ' 备注 ']=' 正常 '        # 修改某列的值
df.loc[df[' 平均分 ']<60, ' 备注 ']=' 不及格 '        # 修改特定行的指定列
print("1...df=", df)
df[' 备注 '].replace(' 正常 ', '*', inplace=True)        # 把备注列所有的 "正常" 替换为 *
print("2...df=", df)
df.replace('*', ' 正常 ', inplace=True)        # 把数据框中所有的 "正常" 替换为 *
print("3...df=", df)
df.replace([' 正常 ', ' 不及格 '], ['pass', 'loss'], inplace=True)        # 把数据框中所有的 "正
                                                                        # 常" 替换为 pass, "不及
                                                                        # 格" 替换为 loss
print("4...df=", df)
```

7.4.9　映射

映射功能就是利用 DataFrame 数据框提供的 map() 方法批量修改相关信息。
以下举例说明。

假定某班同学成绩表对应的 DataFrame 数据结构的 values 值如表 7-15 所示。

表 7-15　values 值

学号	姓名	性别	籍贯	高数	英语	政治	C 语言	平均分	备注
970101	张三	男	河北	92	62	73	79	76.5	
970102	李四	男	江西	81	95	55	69	75	
970103	王五	女	河南	70	75	68	98	77.75	
⋮									

注：数据保存在某工作簿中的某工作表。

【实例 7-13】

```
# 程序名称：PDA7412.py
# 功能：数据映射
#!/usr/bin/python
# -*- coding: UTF-8 -*-
import numpy as np
import pandas as pd
```

```
from pandas import Series, DataFrame, read_excel
df=read_excel('data10.xls', 'score', na_values=['NA'])
df.loc[df[' 平均分 ']<60, ' 备注 ']='loss'        # 修改特定行的指定列
df.loc[df[' 平均分 ']>=60, ' 备注 ']='pass'        # 修改特定行的指定列
df[' 备注 ']=df[' 备注 '].map(str.upper)        # 使用函数进行映射
print("1...df=", df)
df[' 备注 ']=df[' 备注 '].map({'LOSS':'loss', 'PASS':'pass'})        # 使用字典表示映射关系
print("2...df=", df)
df[' 平均分 ']=df[' 平均分 '].map(lambda x:x*100)        # lambda 表达式
print("3...df=", df)
df.index=df.index.map(lambda x:x+5)        # 修改索引
print("4...df=", df)
df.columns=df.columns.map(str.lower)        # 修改列名
print("5...df=", df)
```

7.5　数据分析

7.5.1　基本统计

　　基本统计分析又叫描述性统计分析，一般用于统计某个变量的最小值、第一个四分位值、中值、第三个四分位值及最大值。

　　Pandas 中的这些统计分析方法位于 statistics 模块，因此在使用前需要引入该模块。

```
import statistics
```

　　（1）计算平均数方法 mean()：

```
import statistics
statistics.mean([55, 56, 64, 74, 77, 85])        # 结果为 68.5
```

　　（2）中位数方法 median()、median_low()、median_high()：

```
statistics.median([55, 56, 64, 74, 77, 85])        # 偶数个样本时取中间两个数的平均数 69
statistics.median_low([55, 56, 64, 74, 77, 85])        # 偶数个样本时取中间两个数的
                                                        # 较小者 64
statistics.median_high([55, 56, 64, 74, 77, 85])        # 偶数个样本时取中间两个数的
                                                         # 较大者 74
```

　　特别提示：

　　这里的中位数是指按序列有序对应的值。例如，假定 list2=[74, 56, 77, 55, 64, 85]，median()、median_low()、median_high() 的结果和 list1=[55, 56, 64, 74, 77, 85] 对应的结果一样。

（3）统计出现次数最多的数据的方法 mode()：

```
statistics.mode([21, 13, 15, 21, 9])      # 结果为 21
list2=["music", "football", "football", "basketball", "basketball", "basketball"]
statistics.mode(list2)      # 结果为 "basketball"
```

特别提示：

使用 mode() 方法，当无法确定出现次数最多的唯一元素时将出现错误。

（4）总体标准差方法 pstdev()：

```
statistics.pstdev([55, 56, 64, 74, 77, 85])      # 结果为 11.0567
```

（5）总体方差方法 pvariance()：

```
statistics.pvariance([55, 56, 64, 74, 77, 85])      # 结果为 122.25
```

（6）计算样本方差方法 variance() 和样本标准差方法 stdev()：

```
statistics.variance(range(20))      # 结果为 146.7
statistics.stdev(range(20))      # 结果为 12.1120
```

以下举例说明。

假定某班同学成绩表对应的 DataFrame 数据结构的 values 值如表 7-16 所示。

表 7-16　values 值

学号	姓名	性别	籍贯	高数	英语	政治	C 语言	平均分	备注
970101	张三	男	河北	92	62	73	79	76.5	
970102	李四	男	江西	81	95	55	69	75	
970103	王五	女	河南	70	75	68	98	77.75	
⋮									

注：数据保存在某工作簿中的某工作表。

【实例 7-14】

```python
# 程序名称：PDA7501.py
# 功能：基本统计
#!/usr/bin/python
# -*- coding: UTF-8 -*-
import numpy as np
import pandas as pd
from pandas import Series, DataFrame
import statistics
df=read_excel('data7.xls', 'score', na_values=['NA'])
```

#（1）计算平均数方法 mean()
print(" 高数均值 ", statistics.mean(df[' 高数 ']))
print(" 英语均值 ", statistics.mean(df[' 英语 ']))
#（2）中位数方法 median()、median_low()、median_high()
print("median()=", statistics.median(df[' 高数 ']))
print("median_low()=", statistics.median_low(df[' 高数 ']))
print("median_high()()=", statistics.median_high(df[' 高数 ']))
#median()：偶数个样本时取中间两个数的平均数
#median_low()：偶数个样本时取中间两个数的较小者
#median_high()：偶数个样本时取中间两个数的较大者
#（3）出现次数最多的数据的方法 mode()
print(" 高数的 mode=", statistics.mode(df[' 高数 ']))
print(" 英语的 mode=", statistics.mode(df[' 英语 ']))
#（4）总体标准差方法 pstdev()
print(" 高数的 pstdev=", statistics.pstdev(df[' 高数 ']))
print(" 英语的 pstdev=", statistics.pstdev(df[' 英语 ']))
#（5）总体方差方法 pvariance()
print(" 高数的 pvariance=", statistics.pvariance(df[' 高数 ']))
print(" 英语的 pvariance=", statistics.pvariance(df[' 英语 ']))
#（6）计算样本方差方法 variance() 和样本标准差方法 stdev()
print(" 高数的 variance=", statistics.variance(df[' 高数 ']))
print(" 英语的 variance=", statistics.variance(df[' 英语 ']))
print(" 高数的 stdev", statistics.stdev(df[' 高数 ']))
print(" 英语的 stdev=", statistics.stdev(df[' 英语 ']))

7.5.2　分组分析

分组分析是指根据分组字段将分析对象划分成不同的部分，以对比分析各组之间的差异性的一种分析方法。一般使用 DafaFrame 的 groupby() 方法来实现。格式为：

df.groupby(by=[' 分类 1', ' 分类 2', ...])[' 被统计的列 '].agg({ 列别名 1：统计函数 1，列别名 2：统计函数 2，…})

参数说明如下。

by：用于分组的列，以列表形式出现。

[]：用于统计的列。

agg()：聚合方法 agg() 是 groupby 后非常常见的操作。聚合方法可以用来求和、均值、最大值、最小值等。统计别名显示统计值的名称，统计函数用于统计数据。统计函数包括 min（最小值）、max（最大值）、size（计数）、sum（求和）、mean（均值）、median（中位数）、std（标准差）、var（方差）和 count（计数）等。

图 7-3 显示了 groupby() 分组统计的基本过程。

图 7-3 中按班级将数据分成 4 组，然后对每组分别统计求和及求均值等。

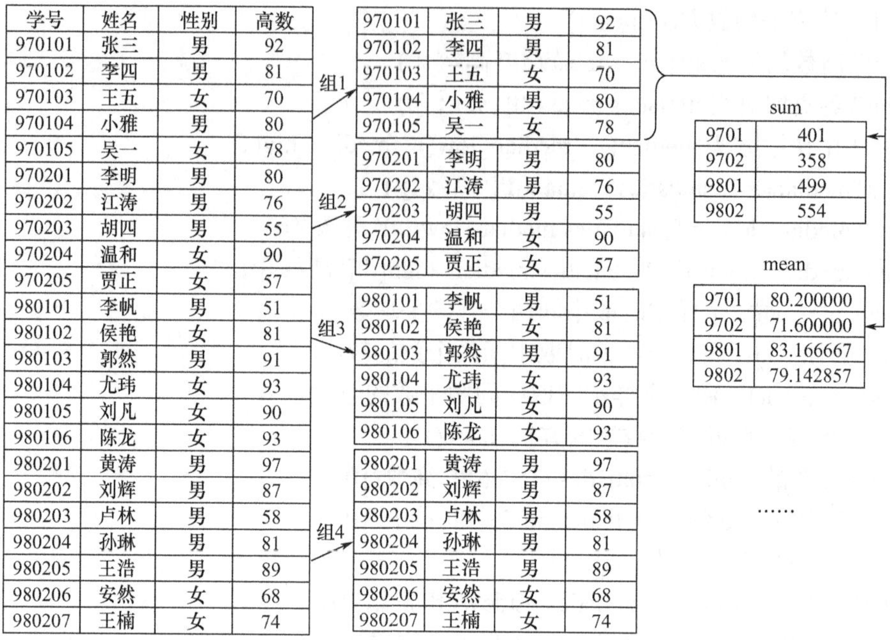

学号	姓名	性别	高数
970101	张三	男	92
970102	李四	男	81
970103	王五	女	70
970104	小雅	男	80
970105	吴一	女	78
970201	李明	男	80
970202	江涛	男	76
970203	胡四	男	55
970204	温和	女	90
970205	贾正	女	57
980101	李帆	男	51
980102	侯艳	女	81
980103	郭然	男	91
980104	尤玮	女	93
980105	刘凡	女	90
980106	陈龙	女	93
980201	黄涛	男	97
980202	刘辉	男	87
980203	卢林	男	58
980204	孙琳	男	81
980205	王浩	男	89
980206	安然	女	68
980207	王楠	女	74

组1 / 组2 / 组3 / 组4

sum:

9701	401
9702	358
9801	499
9802	554

mean:

9701	80.200000
9702	71.600000
9801	83.166667
9802	79.142857

......

图 7-3　groupby() 分组统计示意图

以下举例说明。

【实例 7-15】

```
# 程序名称：PDA7502.py
# 功能：分组分析
#!/usr/bin/python
# -*- coding: UTF-8 -*-
import numpy as np
import pandas as pd
from pandas import Series, DataFrame, read_excel
df=read_excel('data7.xls', 'score', na_values=['NA'])
df[' 学号 ']=df[' 学号 '].astype(str)        #astype() 转换类型
df[' 班级 ']=df[' 学号 '].str.slice(0, 4)
print("df=", df)
#aggname={' 总分 ':np.sum, ' 人数 ': np.size, ' 平均值 ':np.mean,
#' 方差 ':np.var, ' 标准差 ':np.std, ' 最高分 ':np.max,
#' 最低分 ':np.min}
aggname={np.sum, np.size, np.mean, np.var, np.std, np.max, np.min}
colnames={' 总分 ', ' 人数 ', ' 平均值 ', ' 方差 ', ' 标准差 ', ' 最高分 ', ' 最低分 '}
df1=df.groupby(by=[' 班级 ', ' 性别 '])[' 平均分 '].agg(aggname)
df1.columns=colnames
print("df1=", df1)
```

7.5.3　分布分析

分布分析是指根据分析的目的，将数据（定量数据）进行等距或不等距地分组，进而研究各组分布规律的一种分析方法。这种分析一般先使用分箱方法 cut() 来对数据进行类别划分，然后使用 groupby() 来分组统计。

例如，假定学生高考成绩如表 7-17 所示。

表 7-17　学生高考成绩

学号	姓名	性别	籍贯	数学	英语	政治	综合	总分	备注
970101	张三	男	河北	92	62	73	158	385	
970102	李四	男	江西	81	95	55	138	369	
970103	王五	女	河南	70	75	68	196	409	
970104	小雅	男	贵州	80	59	83	142	364	
970105	吴一	女	贵州	78	75	71	176	400	
⋮									

注：数据保存在某工作簿中的某工作表。

现统计一本、二本和三本上线人数。假定一本的分数线为 400，二本分数线为 360，三本分数线为 200。

首先，利用 cut() 将学生分别归类到一本、二本、三本及其他，然后利用 groupby() 分别统计各分数段的总数、均值、最大值、最小值等。

【实例 7-16】

```
# 程序名称：PDA7503.py
# 功能：分布分析
#!/usr/bin/python
# -*- coding: UTF-8 -*-
import numpy as np
import pandas as pd
from pandas import Series, DataFrame, read_excel
df=read_excel('data7.xls', 'score5', na_values=['NA'])
bins=[0, 199, 359, 399, 500]        # 将数据分成四段
labels=[' 其他 ', ' 三本 ', ' 二本 ', ' 一本 ']        # 给四段数据贴标签
df[' 录取类别 ']=pd.cut(df. 总分 , bins, labels=labels)
print('1...df=\n', df)
df1=df.groupby(by=[' 录取类别 '])[' 总分 '].agg({np.size, np.mean, np.max, np.min})
print('2...df1=\n', df1)
```

运行后结果为：

1...df=

	学号	姓名	性别	籍贯	数学	英语	政治	综合	总分	备注	录取类别
0	970101	张三	男	河北	92	62	73	158	385	NaN	二本
1	970102	李四	男	江西	81	95	55	138	369	NaN	二本
2	970103	王五	女	河南	70	75	68	196	409	NaN	一本

……

（注：限于篇幅，这里仅展示部分数据）

2...df1=

	mean	size	amin	amax
录取类别				
其他	50.000000	1	50	50
三本	328.444444	9	308	357
二本	379.307692	13	360	398
一本	416.333333	12	400	442

7.5.4　交叉分析

交叉分析通常用于分析两个或两个以上分组变量之间的关系，以交叉表形式进行变量间关系的对比分析。一般分为：定量、定量分组交叉；定量、定性分组交叉；定性、定型分组交叉。DataFrame 中的 pivot_table() 可实现这一功能。格式为：

pivot_table(values, index, columns, aggfunc, fill_value)

参数说明如下。

values：数据透视表中的值。

index：数据透视表中的行。

columns：数据透视表中的列。

aggfunc：统计函数。

fill_value：NA 值的统一替换。

返回值：数据透视表的结果。

例如，假定学生高考成绩如表 7-18 所示。

表 7-18　学生高考成绩

学号	姓名	性别	籍贯	数学	英语	政治	综合	总分	备注
970101	张三	男	河北	92	62	73	158	385	
970102	李四	男	江西	81	95	55	138	369	
970103	王五	女	河南	70	75	68	196	409	
970104	小雅	男	贵州	80	59	83	142	364	
970105	吴一	女	贵州	78	75	71	176	400	
⋮									

注：数据保存在某工作簿中的某工作表。

现分别统计男生和女生一本、二本和三本上线人数。假定一本的分数线为 400，二本分数线为 360，三本分数线为 200。

首先，使用 cut() 方法将学生分别归类到一本、二本、三本和其他，然后使用 pivot_table() 进行交叉分析。可得到如下统计结果。

	size		mean	
	总分		总分	
性别	女	男	女	男
录取类别				
其他	NaN	1.0	NaN	50.000000
三本	5.0	4.0	340.8	313.000000
二本	4.0	9.0	381.5	378.333333
一本	5.0	7.0	416.8	416.000000

【实例 7-17】

```
# 程序名称：PDA7504.py
# 功能：交叉分析
#!/usr/bin/python
# -*- coding: UTF-8 -*-
import numpy as np
import pandas as pd
from pandas import Series, DataFrame, read_excel
df=read_excel('data7.xls', 'score5', na_values=['NA'])
bins=[0, 199, 359, 399, 500]        # 将数据分成四段
labels=[' 其他 ',' 三本 ',' 二本 ',' 一本 ']        # 给四段数据贴标签
df[' 录取类别 ']=pd.cut(df. 总分 , bins, labels=labels)
print('1...df=\n', df)
df1=df.pivot_table(values=[' 总分 '], index=[' 录取类别 '],
                   columns=[' 性别 '], aggfunc=[np.size, np.mean])
print('2...df1=\n', df1)

df2=df.pivot_table(values=[' 总分 '], index=[' 录取类别 '],
                   columns=[' 性别 '], aggfunc=[np.size, np.mean],
                   fill_value=0)
# 也可以将统计为 0 的赋值为 0，默认为 NaN。
print('3...df2=\n', df2)
```

7.5.5　相关分析

相关分析研究现象之间是否存在某种依存关系，并对具有依存关系的现象探讨其相关

方向及相关程度，是研究随机变量之间的相关关系的一种统计方法。

相关系数与相关程度如表 7-19 所示。

表 7-19　相关系数与相关程度

相关系数 |r| 取值范围	相关程度
0≤|r|<0.3	低度相关
0.3≤|r|<0.8	中度相关
0.8≤|r|≤1	高度相关

DataFrame 数据框和 Series 数据列都具有 corr() 方法。DataFrame.corr() 将计算每列两两之间的相似度。Series.corr(other) 计算该序列与传入的序列之间的相关度。

【实例 7-18】

```
# 程序名称：PDA7505.py
# 功能：相关分析
#!/usr/bin/python
# -*- coding: UTF-8 -*-
import numpy as np
import pandas as pd
from pandas import Series, DataFrame, read_excel
df=read_excel('data7.xls', 'score5', na_values=['NA'])
print('DataFrame.corr()=', df.corr())
print('1..Series.corr()=', df[' 数学 '].corr(df[' 总分 ']))
print('2..Series.corr()=', df[' 政治 '].corr(df[' 总分 ']))
print('3..Series.corr()=', df[' 语文 '].corr(df[' 总分 ']))
print('4..Series.corr()=', df[' 综合 '].corr(df[' 总分 ']))
```

DataFrame.corr()=	学号	数学	语文	政治	综合	总分	备注
学号	1.000000	−0.398360	−0.045911	−0.072242	−0.275944	−0.280814	NaN
数学	−0.398360	1.000000	0.414340	0.283556	0.546679	0.733305	NaN
语文	−0.045911	0.414340	1.000000	0.412519	0.314239	0.647456	NaN
政治	−0.072242	0.283556	0.412519	1.000000	0.458326	0.679104	NaN
综合	−0.275944	0.546679	0.314239	0.458326	1.000000	0.873754	NaN
总分	−0.280814	0.733305	0.647456	0.679104	0.873754	1.000000	NaN
备注	NaN	NaN	NaN	NaN	NaN	NaN	NaN

```
1..Series.corr()=0.7333052073768167
2..Series.corr()=0.6791036686978025
3..Series.corr()=0.6474562740853158
4..Series.corr()=0.8737542857468957
```

7.5.6　结构分析

结构分析是在分组的基础上计算各组成部分所占的比重，进而分析总体的内部特征的一种分析方法。

假定 df_pt 为交叉分析的结果，即

df_pt=df.pivot_table(values=[' 总分 '],
　　　　　　index=[' 班级 '], columns=[' 性别 '],
　　　　　　aggfunc=[np.sum])

那么 df_pt.div(df_pt.sum(axis=1), axis=0) 将输出列向占比，df_pt.div(df_pt.sum(axis=0), axis=1) 将输出横向占比。

axis 参数说明：0 表示列，1 表示行。

【实例 7-19】

```
# 程序名称：PDA7506.py
# 功能：结构分析
#!/usr/bin/python
# -*- coding: UTF-8 -*-
import numpy as np
import pandas as pd
from pandas import Series, DataFrame, read_excel
df=read_excel('test1005.xls')
df[' 学号 ']=df[' 学号 '].astype(str)         #astype() 转换类型
df[' 班级 ']=df[' 学号 '].str.slice(0, 4)
df[' 总分 ']=df[' 数学 ']+df[' 英语 ']+df[' 政治 ']+df['C 语言 ']
print('df=', df)
df_pt=df.pivot_table(values=[' 总分 '],
                    index=[' 班级 '], columns=[' 性别 '],
                    aggfunc=[np.sum])
print('df_pt=', df_pt)
print('df_pt.sum()=', df_pt.sum())
print('df_pt.sum(axis=0)=', df_pt.sum(axis=0))
print('df_pt.sum(axis=0)=', df_pt.sum(axis=1))
print('df_pt.div(df_pt.sum(axis=1), axis=0', df_pt.div(df_pt.sum(axis=1), axis=0))      # 按列占比
print('df_pt.div(df_pt.sum(axis=0), axis=1', df_pt.div(df_pt.sum(axis=0), axis=1))      # 按行占比
```

运行后输出结果为：

dpt=
　　　　　sum
总分

性别	女	男
班级		
9701	809	1118
9702	757	1143
9801	1656	823
9802	688	1885
9901	385	1176
9902	1019	1474

dpt.sum()=
性别
sum 总分　女　5314
男　7619
dtype: int64

dpt.sum(axis=0)=
性别
sum 总分　女　5314
男　7619
dtype: int64

dpt.sum(axis=1)=
班级

9701	1927
9702	1900
9801	2479
9802	2573
9901	1561
9902	2493

dtype: int64

dpt.div(dpt.sum(axis=1), axis=0=

	sum	
总分		
性别	女	男
班级		
9701	0.419824	0.580176
9702	0.398421	0.601579
9801	0.668011	0.331989
9802	0.267392	0.732608
9901	0.246637	0.753363
9902	0.408744	0.591256

dpt.div(dpt.sum(axis=0), axis=1=

```
           sum
总分
性别         女            男
班级
9701      0.152239     0.146738
9702      0.142454     0.150020
9801      0.311630     0.108019
9802      0.129469     0.247408
9901      0.072450     0.154351
9902      0.191758     0.193464
```

7.6　本章小结

本章介绍了 Pandas 模块的安装与引入，Series 的基本含义及操作方法，DataFrame 的基本含义及操作方法，数据处理的基本操作，以及常见的数据分析方法。

7.7　思考和练习

1. 安装和引入 Pandas 模块。
2. 创建一个 Series 对象，并对其操作。
3. 创建一个 DataFrame 对象，并对其操作。
4. 收集数据创建一个 DataFrame 对象，然后对其实施数据清洗、数据抽取、排序和排名、重新索引、数据分箱、数据修改等操作。

参考数据形式如表 7-21 所示。

表 7-21　参考数据形式

学号	姓名	性别	籍贯	高数	英语	政治	C 语言	平均分	备注
970101	张三	男	河北	92	62	73	79	76.5	
970102	李四	男	江西	81	95	55	69	75	
970103	王五	女	河南	70	75	68	98	77.75	
970104	小雅	男	贵州	80	59	83	71	73.25	
970105	吴一	女	贵州	78	75	71	88	78	

5. 收集有关公司的统计，然后对其完成基本统计、分组分析、分布分析、交叉分析、相关分析和结构分析等操作。

数据形式可参考表 7-21 所示的样式。

第 8 章　Matplotlib 模块及应用

本章的学习目标：
- 了解 Matplotlib 的基本概念
- 掌握绘图属性的设置
- 掌握常见图形的绘制

Matplotlib 是 Python 的绘图库。它可与 NumPy 一起使用，提供一种有效的 MATLAB 开源替代方案。它也可以和图形工具包一起使用，如 PyQt 和 wxPython。

8.1　Matplotlib 概述

Matplotlib 是受 MATLAB 的启发构建的。MATLAB 是数据绘图领域广泛使用的语言和工具。MATLAB 语言是面向过程的。利用函数的调用，在 MATLAB 中可以轻松地利用一行命令来绘制直线，然后再用一系列的函数调整结果。

Matplotlib 有一套完全仿照 MATLAB 的函数形式的绘图接口，位于 matplotlib.pyplot 模块中。这套函数接口方便 MATLAB 用户过渡到 Matplotlib 包。

8.1.1　Matplotlib 模块的安装和引入

Matplotlib 模块安装命令如下：

python –m pip install matplotlib

安装完成后，可以使用 python –m pip list 命令来查看是否安装了 Matplotlib 模块。
Matplotlib 模块导入命令如下：

import matplotlib as mpl　　　# matplotlib 简记为 mpl
from matplotlib import pyplot as plt　　　# pyplot 简记为 plt

8.1.2　绘图基础

Matplotlib 中的所有图像都位于 figure 对象中，一个图像只能有一个 figure 对象。在 figure 对象下可创建一个或多个 subplot 对象（即 axes）用于绘制图像。所有的绘画只能在子图上进行，如图 8-1 所示。

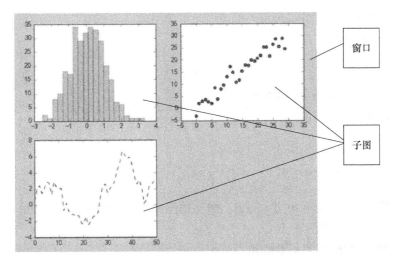

图 8-1　窗口与子图关系示意图

在绘图结构中，用 figure() 方法创建窗口（类似画图板），用 subplot() 方法创建子图。程序中允许创建多个窗口，具体操作的窗口遵循就近原则（操作在最近一次调用的窗口上实现），缺省条件下内部默认调用 pyplot.figure(1)。

一个子图涉及背景色、坐标范围、图题、x 轴和 y 轴标签、注释、文本、刻度等要素，如图 8-2 所示。

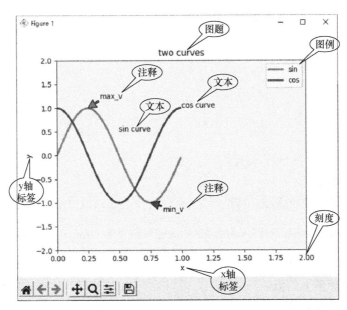

图 8-2　图形基本构成要素示意图

1. 设置背景色

背景色可通过定义子图的 facecolor 属性来设置。格式如下：

plt.subplot(111, facecolor='yellow')

以上将子图背景设置为 yellow（黄色）。

2. 确定坐标范围

使用 axis() 命令给定坐标范围。格式如下：

plt.axis([xmin, xmax, ymin, ymax])
xlim(xmin, xmax) 和 ylim(ymin, ymax) 可调整 x 和 y 坐标的范围。

例如：

plt.axis([0, 2, –2, 2])

将坐标范围定义为区间 [0, 2, –2, 2]，即 x 轴区间为 [0, 2]，y 轴区间为 [–2, 2]。

3. 添加轴标签和图题

添加 x 轴和 y 轴标签的基本格式为：

pyplot.xlabel(s, *args, **kwargs)
pyplot.ylabel(s, *args, **kwargs)

例如：

pyplot.xlabel('x_axis')
pyplot.ylabel('y_axis')

这样就将 x 轴和 y 轴标签分别设置为 'x_axis' 和 'y_axis'。
添加图题的基本格式为：

plt.title(s, *args, **kwargs)

例如：

plt.title('two curves')

这样就将图题设置为 'two curves'。

4. 添加文字说明

plt.text() 可以在图中的任意位置添加文字，并支持 LaTex 语法。格式如下：

plt.text(x, y, string, fontsize=15, verticalalignment="top", horizontalalignment="right")

参数说明如下。
x, y：表示坐标轴上的值。
string：表示说明文字。
fontsize：表示字体大小。
verticalalignment：垂直对齐方式，参数 ['center'|'top' | 'bottom' | 'baseline']。
horizontalalignment：水平对齐方式，参数 ['center' | 'right' | 'left']。

5. plt.annotate() 文本注释

在数据可视化的过程中，图片中的文字经常被用来注释图中的一些特征。使用

annotate() 方法可以很方便地添加此类注释。在使用 annotate() 时，主要考虑两个点的坐标：被注释的点 xy(x, y) 和插入文本的点 xytext(x, y)。基本格式如下：

annotate(s, xy, xytext, arrowprops)

参数说明如下。

s：文本内容。

xy：设置箭头指示的位置。

xytext：设置注释文字的位置。

arrowprops：以字典的形式设置箭头的样式。包括如下内容：

- width：设置箭头长方形部分的宽度。
- headlength：设置箭头尖端的长度。
- headwidth：设置箭头尖端底部的宽度。
- shrink：设置箭头顶点、尾部与指示点、注释文字的距离（比例值），可以理解为控制箭头的长度。

例如：

dict1=dict(facecolor='red', width=2, shrink=0.01)
plt.annotate('max_v', xy=(0.25, 1), xytext=(0.35, 1.2), arrowprops=dict1)

6. plt.xticks()/plt.yticks() 设置轴记号

人为设置坐标轴的刻度显示的值。

xtick_labels=[i*0.25 for i in range(0, 9)]
ytick_labels=[-2.0+i*0.5 for i in range(0, 9)]
plt.xticks(xtick_labels)
plt.yticks(ytick_labels)

7. plt.legend() 添加图例

plt.plot(x, y1, color="red", linewidth=2.5, linestyle="-", label="sin")
plt.plot(x, y2, color="blue", linewidth=2.5, linestyle="-", label="cos")
plt.legend(loc='upper right')　　　# 选择图例的位置

legend() 方法用于选择图例的位置，图例通过设置 plot() 方法的 lable 属性等定义。

【实例 8-1】

程序名称：PDA8102.py
功能：绘图基础
#!/usr/bin/python
# -*- coding: UTF-8 -*-
import numpy as np
import pandas as pd

```python
import matplotlib as mpl
from matplotlib import pyplot as plt
from pandas import Series, DataFrame, read_excel

# 绘制 sin 曲线
x=np.arange(0.0, 1.0, 0.01)
y1=np.sin(2*np.pi*x)
y2=np.cos(2*np.pi*x)
# 设置背景色
plt.subplot(111, facecolor='yellow')
# 设置绘图区间
plt.axis([0, 2, -2, 2])

# 设置图题和轴信息
plt.title("two curves")
plt.xlabel("x")
plt.ylabel("y")

# 添加说明
plt.text(0.5, 0.5, "sin curve")
plt.text(1, 1, "cos curve")

# 添加注释
dict1=dict(facecolor='red', width=2, shrink=0.01)
dict2=dict(facecolor='blue', width=2, shrink=0.01)
plt.annotate('max_v', xy=(0.25, 1), xytext=(0.35, 1.2), arrowprops=dict1)
plt.annotate('min_v', xy=(0.75, -1), xytext=(0.85, -1.2), arrowprops=dict2)

# 设置 x 轴和 y 轴的刻度
xtick_labels=[i*0.25 for i in range(0, 9)]
ytick_labels=[-2.0+i*0.5 for i in range(0, 9)]
plt.xticks(xtick_labels)
plt.yticks(ytick_labels)

# 添加图例
plt.plot(x, y1, color="red", linewidth=2.5, linestyle="-", label="sin")
plt.plot(x, y2, color="blue", linewidth=2.5, linestyle="-", label="cos")
plt.legend(loc='upper right')        # 选择图例的位置
```

\# 保存
\# plt.savefig("./t1.png")
\# 展示图形
plt.show()

程序运行后输出图形如图 8-3 所示。

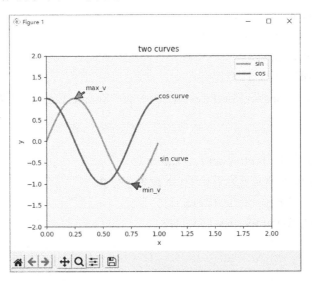

图 8-3　实例 8-1 程序运行后的输出图形

8.1.3　支持中文

Matplotlib 默认情况不支持中文，但可以使用以下简单的方法来解决。

方式 1：下载并使用 OTF 字体。

从有关网址下载一个 OTF 字体文件，如 SourceHanSansSC-Bold.otf，并将该文件存放在当前执行的代码文件中。

\# 字体设置
font1=mpl.font_manager.FontProperties(fname="SourceHanSansSC-Bold.otf")
plt.title(" 测试 ", fontproperties=font1)
plt.xlabel("x 轴 ", fontproperties=font1)
plt.ylabel("y 轴 ", fontproperties=font1)

特别提示：字体下载地址如下。

官网：https://source.typekit.com/source-han-serif/cn/。

GitHub 地址：

https://github.com/adobe-fonts/source-han-sans/tree/release/OTF/SimplifiedChinese。

【实例 8-2】

```python
# 程序名称：PDA8102.py
# 功能：中文使用方式 1
#!/usr/bin/python
# -*- coding: UTF-8 -*-
import numpy as np
from matplotlib import pyplot as plt
import matplotlib as mpl
# fname 为字体的名称，注意路径
zhfont1=mpl.font_manager.FontProperties(fname="SourceHanSansSC-Bold.otf")
x=np.arange(1, 11)
y=2*x+5
plt.title(" 测试中文 1", fontproperties=zhfont1)
# fontproperties 设置中文显示，fontsize 设置字体大小
plt.xlabel("x 轴 ", fontproperties=zhfont1)
plt.ylabel("y 轴 ", fontproperties=zhfont1)
plt.plot(x, y)
plt.show()
```

程序运行后输出图形如图 8-4 所示。

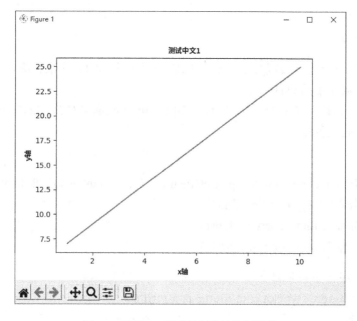

图 8-4　实例 8-2 程序运行后的输出图形

方式 2：使用参数字典（rcParams）。

为了在图表中能够显示中文和负号等，需要下面一段设置：

import matplotlib as mpl
mpl.rcParams['font.sans-serif']=['SimHei']　　　# 用来正常显示中文标签
mpl.rcParams['axes.unicode_minus']=False　　　# 用来正常显示负号

【实例 8-3】

```
# 程序名称：PDA8103.py
# 功能：中文配置 2
#!/usr/bin/python
# -*- coding: UTF-8 -*-
import numpy as np
import pandas as pd
import matplotlib as mpl
from pandas import Series, DataFrame, read_excel
from matplotlib import pyplot as plt


# x 轴的跨度为最后面的 2，从 2 开始，包含 2，不包含 26，总共 12 个数
x=np.arange(0, 1.0, 0.01)
y=np.sin(2*np.pi*x)
# 设置图片大小
# figsize 的第一个 20 为宽，8 为高，在宽 × 高为 20×8 的长方形区域展示
plt.figure(figsize=(20, 8), dpi=80)
# 字体设置
mpl.rcParams['font.sans-serif']=['SimHei']　　　# 用来正常显示中文标签
mpl.rcParams['axes.unicode_minus']=False　　　# 用来正常显示负号
plt.title(" 测试中文 2")
#fontproperties 设置中文显示，fontsize 设置字体大小
plt.xlabel("x 轴 ")
plt.ylabel("y 轴 ")
# 绘图
plt.plot(x, y)
plt.show()
```

程序运行后输出图形如图 8-5 所示。

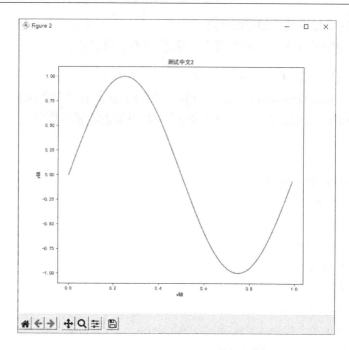

图 8-5　实例 8-3 程序运行后的输出图形

8.1.4　设置 Matplotlib 参数

在代码执行过程中，有两种方式更改参数：

● 使用参数字典（rcParams）。

● 调用 matplotlib.rc() 命令，通过传入关键字元组，修改参数。

如果不想每次使用 Matplotlib 时都在代码部分进行配置，可以修改 Matplotlib 的文件参数。可以用 matplot.get_config() 命令来找到当前用户的配置文件目录。

1. 查看配置

```
import matplotlib
matplotlib.rcParams
```

2. 修改配置

（1）可以通过 matplotlib.rcParams 修改所有已经加载的配置项。

```
mpl.rcParams['lines.color']        # 'C0'
mpl.rcParams['lines.color']='r'
mpl.rcParams['lines.color']        # 'r'
```

（2）可以通过 matplotlib.rc(*args, **kwargs) 来修改配置项，其中 args 是要修改的属性，kwargs 是属性的关键字。

（3）可以调用 matplotlib.rcdefaults() 将所有配置重置为标准设置。

3. 配置文件

如果不希望在每次代码开始时进行参数配置，则可以在项目中给出配置文件。配置文件有以下三个。

系统级配置文件：通常在 Python 的 site-packages 目录下。每次重装 Matplotlib 之后该配置文件就会被覆盖。

用户级配置文件：通常在 $HOME 目录下。可以用 matplotlib.get_configdir() 函数来查找当前用户的配置文件目录。可以通过 matplotlibrc 修改它的位置。

当前工作目录：项目的目录。在当前目录下，可以为目录所包含的当前项目给出配置文件，文件名为 matplotlibrc。

以上三个文件的优先级顺序是：当前工作目录 > 用户级配置文件 > 系统级配置文件。查看当前使用的配置文件的路径使用 matplotlib.matplotlib_fname() 函数。

配置文件的常见内容如表 8-1 所示。

表 8-1　配置文件的常见内容

内　容	说　明
axex	设置坐标轴边界和表面的颜色、坐标刻度值大小和网格的显示
backend	设置目标输出 TkAgg 和 GTKAgg
figure	控制 dpi、边界颜色、图形大小和子区（subplot）设置
font	字体集（font family）、文本大小和样式设置
grid	设置网格颜色和线型
legend	设置图例和其中文本的显示
line	设置线条（颜色、线型、宽度等）和标记
patch	是填充 2D 空间的图形对象，如多边形和圆。控制线宽、颜色和抗锯齿设置等
savefig	可以对保存的图形进行单独设置。例如，设置渲染的文件的背景为白色
verbose	设置 Matplotlib 在执行期间的信息输出，如 silent、helpful、debug 和 debug-annoying
xticks 和 yticks	为 x、y 轴的主刻度和次刻度设置颜色、大小、方向，并设置标签大小

4. 线条相关属性标记设置

配置文件的线条风格如表 8-2 所示。

表 8-2　线条风格

线条风格（linestyle 或 ls）	描述	线条风格（linestyle 或 ls）	描述
'-'	实线	':'	虚线
'--'	破折线	'None', ' ', ''	什么都不画
'-.'	点画线		

配置文件的线条标记如表 8-3 所示。

表 8-3　线条标记

标记	描述	标记	描述
'o'	圆圈	'.'	点
'D'	菱形	's'	正方形

标记	描述	标记	描述
'h'	六边形 1	'*'	星号
'H'	六边形 2	'd'	小菱形
'_'	水平线	'v'	一角朝下的三角形
'8'	八边形	'<'	一角朝左的三角形
'p'	五边形	'>'	一角朝右的三角形
','	像素	'^'	一角朝上的三角形
'+'	加号	'\'	'
'None', '', ' '	无	'x'	X

5. 颜色

配置文件的常见颜色及别名如表 8-4 所示。

表 8-4　常见颜色及别名

别名	颜色	别名	颜色	别名	颜色	别名	颜色
b	蓝色	g	绿色	c	青色	k	黑色
r	红色	y	黄色	m	洋红色	w	白色

如果这些颜色不够用，还可以通过两种其他方式来定义颜色值：

- 使用 HTML 十六进制字符串 color='eeefff'，或者使用合法的 HTML 颜色名字（'red', 'chartreuse' 等）。
- 可以传入一个归一化到 [0, 1] 的 RGB 元组，如 color=(0.3, 0.3, 0.4)。

【实例 8-4】

```
# 程序名称：PDA8104.py
# 功能：配置
#!/usr/bin/python
# -*- coding: UTF-8 -*-
import numpy as np
import pandas as pd
import matplotlib as mpl
from pandas import Series, DataFrame, read_excel
from matplotlib import pyplot as plt


#1. 查看配置
print(" 配置为：\n", mpl.rcParams)


#2. 修改配置
# （1）可以通过 matplotlib.rcParams 修改所有已经加载的配置项
```

```
print('lines.color=', mpl.rcParams['lines.color'])        # 'C0'
mpl.rcParams['lines.color']='r'
print('lines.color=', mpl.rcParams['lines.color'])        # 'r'
#（2）可以通过 matplotlib.rc(*args, **kwargs) 来修改配置项，
# 其中 args 为要修改的属性，kwargs 是属性的关键字
mpl.rc('lines', linewidth=4, color='g')
print('lines.color=', mpl.rcParams['lines.color'])
#（3）可以调用 matplotlib.rcdefaults() 将所有配置重置为标准设置
```

8.1.5　多个子图的不同形式

1. 叠加图

在 plt.plot() 方法中，可以传入多组坐标，以绘制多个不同格式的图形。格式如下：

plt.plot(x1, y1, color1, x2, y2, color2, …)

以下举例说明。

【实例 8-5】

```
# 程序名称：PDA8105.py
# 功能：多个子图叠加
#!/usr/bin/python
# –*– coding: UTF–8 –*–
import numpy as np
import pandas as pd
import matplotlib as mpl
from matplotlib import pyplot as plt
# 绘制 sin 曲线
x=np.arange(0.0, 1.0, 0.01)
ysin=np.sin(2*np.pi*x)
ycos=np.cos(2*np.pi*x)
ysc=np.sin(2*np.pi*x) +np.cos(2*np.pi*x)
# 设置绘图区间
plt.axis([0, 2, –2, 2])
# 字体设置
mpl.rcParams['font.sans-serif']=['SimHei']        # 用来正常显示中文标签
mpl.rcParams['axes.unicode_minus']=False         # 用来正常显示负号
# 设置图题和轴标签
plt.title(" 三个子图叠加 ")
plt.xlabel("x 轴 ")
plt.ylabel("y 轴 ")
```

plt.plot(x, ysin, 'r−−', x, ycos, 'bs', x, ysc, 'y*')
plt.show()

程序运行后输出图形如图 8-6 所示。

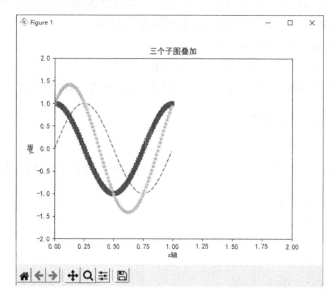

图 8-6　实例 8-5 程序运行后的输出图形

2. plt.subplot() 应用

plt.subplot() 方法可以将一个 figure 对象划分为多个绘图区域，每个区域单独绘制一个子图。例如，plt.subplot(2, 3, 1) 表示把一个 figure 对象划分为 6（=2×3）个绘图区域。其中，第一个参数是行数，第二个参数是列数，第三个参数表示绘图区域的标号。

特别提示：

plt.subplot(2, 3, 1) 也可以简写为 plt.subplot(231)。

以下举例说明。

【实例 8-6】

```
# 程序名称：PDA8106.py
# 功能：一个窗口中绘制多个子图
#!/usr/bin/python
# −*− coding: UTF−8 −*−
import numpy as np
import pandas as pd
import matplotlib as mpl
from matplotlib import pyplot as plt

# 绘制 sin 曲线
x=np.arange(0.0, 1.0, 0.01)
```

```
ysin=np.sin(2*np.pi*x)
ycos=np.cos(2*np.pi*x)
y2=x**2
y3=x**3
# 设置绘图区间
plt.axis([0, 2, -2, 2])
# 字体设置
mpl.rcParams['font.sans-serif']=['SimHei']        # 用来正常显示中文标签
mpl.rcParams['axes.unicode_minus']=False          # 用来正常显示负号
#subplot
plt.subplot(2, 2, 1)        # 窗口 Figure1 的绘图区域 1
plt.title("sin")
plt.xlabel("x 轴 ")
plt.ylabel("y 轴 ")
plt.plot(x, ysin, 'r--')
plt.subplot(2, 2, 2)        # 窗口 Figure1 的绘图区域 2
plt.title("cos")
plt.xlabel("x 轴 ")
plt.ylabel("y 轴 ")
plt.plot(x, ycos, 'bs')
plt.subplot(2, 2, 3)        # 窗口 Figure1 的绘图区域 3
plt.title("y^2")
plt.xlabel("x 轴 ")
plt.ylabel("y 轴 ")
plt.plot(x, y2, 'b-.')
plt.subplot(2, 2, 4)        # 窗口 Figure1 的绘图区域 4
plt.title("y^3")
plt.xlabel("x 轴 ")
plt.ylabel("y 轴 ")
plt.plot(x, y3, 'y')
plt.show()
```

程序运行后输出图形如图 8-7 所示。

3. plt.figure() 应用

实际应用中，可使用 plt.figure() 方法来生成多个窗口，每个窗口又可使用 plt.subplot() 方法生成多个绘图区域。所有绘图操作仅对当前窗口的当前绘图区域有效。需要在其他窗口中其他区域绘图时，进行切换即可。

以下举例说明。

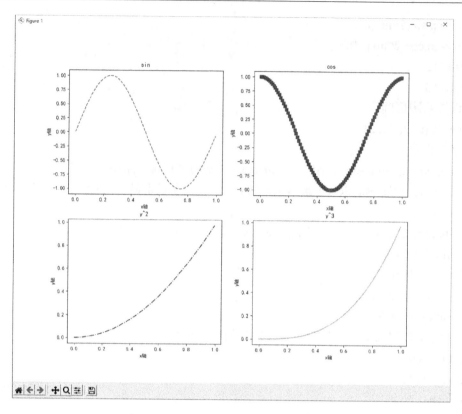

图 8-7　实例 8-6 程序运行后的输出图形

【实例 8-7】

```python
# 程序名称：PDA8107.py
# 功能：多个 figure 对象演示
#!/usr/bin/python
# -*- coding: UTF-8 -*-
import numpy as np
import pandas as pd
import matplotlib as mpl
from matplotlib import pyplot as plt

# 绘制 sin 曲线
x=np.arange(0.0, 1.0, 0.01)
ysin=np.sin(2*np.pi*x)
ycos=np.cos(2*np.pi*x)
y2=x**2
y3=x**3
```

```
# 字体设置
mpl.rcParams['font.sans-serif']=['SimHei']          # 用来正常显示中文标签
mpl.rcParams['axes.unicode_minus']=False            # 用来正常显示负号
plt.figure(1)        # 创建窗口 Figure1
# 设置图题和轴标签
plt.title(" 三个子图叠加 ")
plt.xlabel("x 轴 ")
plt.ylabel("y 轴 ")
plt.plot(x, ysin, 'r--', x, ycos, 'bs', x, y2, 'y*')
#subplot
plt.figure(2)        # 创建窗口 Figure2
plt.subplot(2, 2, 1)      # 窗口 Figure2 的绘图区域 1
plt.title("sin")
plt.xlabel("x 轴 ")
plt.ylabel("y 轴 ")
plt.plot(x, ysin, 'r--')
plt.subplot(2, 2, 2)      # 窗口 Figure2 的绘图区域 2
plt.title("cos")
plt.xlabel("x 轴 ")
plt.ylabel("y 轴 ")
plt.plot(x, ycos, 'bs')
plt.subplot(2, 2, 3)      # 窗口 Figure2 的绘图区域 3
plt.title("y^2")
plt.xlabel("x 轴 ")
plt.ylabel("y 轴 ")
plt.plot(x, y2, 'b-.')
plt.subplot(2, 2, 4)      # 窗口 Figure2 的绘图区域 4
plt.title("y^3")
plt.xlabel("x 轴 ")
plt.ylabel("y 轴 ")
plt.plot(x, y3, 'y')
plt.figure(1)        # 切换到窗口 Figure1
#plt.figure(2)       # 切换到窗口 Figure2
plt.show()
```

程序运行后输出图形如图 8-8 所示。

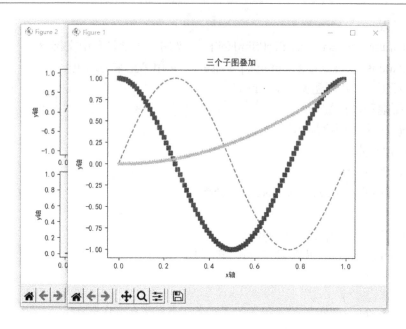

图 8-8　实例 8-7 程序运行后的输出图形

这里有两个窗口，即 Figure1 和 Figure2，单击某个窗口时，即可显示该窗口。

8.2　常见图形绘制

8.2.1　饼图

饼图（pie graph）又称圆形图，是一个划分为几个扇形的圆形统计图，它能够直观地反映个体与总体的比例关系。plt.pie() 方法可以绘制饼图。其格式为：

```
plt.pie(x, explode=None, labels=None, colors=None,
        autopct=None, pctdistance=0.6, shadow=False,
        labeldistance=1.1, startangle=None,
        radius=None, counterclock=True, wedgeprops=None,
        textprops=None, center=(0, 0), frame=False)
```

参数说明如下。

x：指定绘图的数据。

explode：指定饼图某些部分的突出显示，即呈现爆炸式。

labels：为饼图添加标签说明，类似于图例说明。

colors：指定饼图的填充色。

autopct：自动添加百分比显示，可以采用格式化的方法显示。

pctdistance：设置百分比标签与圆心的距离。

shadow：是否添加饼图的阴影效果。

labeldistance：设置各扇形标签（图例）与圆心的距离。

startangle：设置饼图的初始摆放角度。

radius：设置饼图的半径大小。

counterclock：是否让饼图按逆时针顺序呈现。

wegeprops：设置饼图内外边界的属性，如边界线的粗细、颜色等。

textprops：设置饼图中文本的属性，如字体、文本、大小、颜色等。

center：指定饼图的中心点位置，默认为原点。

frame：是否显示饼图背后的图框，如果设置为 True，则需要同时控制图框 x 轴、y 轴的范围和饼图的中心位置。

下面以表 8-5 中的数据举例说明。

表 8-5　市场占有率　　　　　　　　　　　　　　　　　　　　　　%

年份	丰田	本田	日产
2016	47	28	25
2017	50	26	24
2018	48	27	25
2019	52	30	18
2020	51	29	20

注：数据保存在某工作簿的某工作表。

【实例 8-8】

```
# 程序名称：PDA8201.py
# 功能：饼图
#!/usr/bin/python
# -*- coding: UTF-8 -*-
import numpy as np
import pandas as pd
import matplotlib as mpl
from matplotlib import pyplot as plt
from pandas import Series, DataFrame, read_excel
df=read_excel('data8.xls', 'marketrate', na_values=['NA'])
#print("df=", df)
# 中文设置
font1={'family':'SimHei'}
mpl.rc('font', **font1)
# 画饼图
ncols=len(df.columns)
nindexs=len(df.index)
lab1=df.columns[1:ncols]
col1=['yellowgreen', 'gold', 'blue']
```

```
exp1=(0, 0.1, 0)       # 使饼图中第 2 片裂开
for i in range(0, len(df.index)):
    plt.subplot(nindexs//2+1, 2, i+1)
    plt.title(df[' 年份 '][i])
    plt.pie(df.iloc[i][1:ncols], labels=lab1, colors=col1, explode=exp1, autopct='%1.2f%%')
plt.show()
```

程序运行后输出图形如图 8-9 所示。

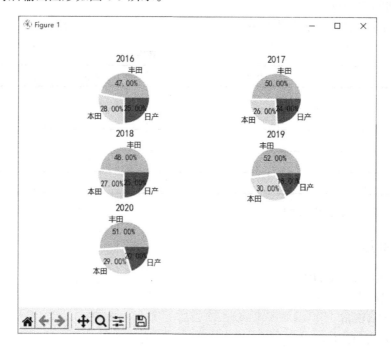

图 8-9　实例 8-8 程序运行后的输出图形

8.2.2　散点图

　　散点图（scatter diagram）是以一个变量为横坐标、另一个变量为纵坐标，利用散点（坐标点）的分布形态反映变量关系的一种图形。散点图可以反映两个变量间的相关关系，即如果存在相关关系，那么它们之间是正向的线性关系还是反向的线性关系。plt.scatter() 方法可以绘制散点图，其格式为：

```
plt.scatter(x, y, s=20, c=None, marker='o',
            cmap=None, norm=None,
            vmin=None, vmax=None,
            alpha=None, linewidths=None,
            edgecolors=None)
```

参数说明如下。

x：指定散点图的 x 轴数据。

y：指定散点图的 y 轴数据。

s：指定散点图中点的大小，默认为 20，通过传入新的变量，实现气泡图的绘制。

c：指定散点图中点的颜色，默认为蓝色。

marker：指定散点图中点的形状，默认为圆形。

cmap：指定色图，只有当 c 参数是一个浮点型的数组时才起作用。

norm：设置数据亮度，标准化到 0 ～ 1，使用该参数仍需要 c 为浮点型的数组。

vmin、vmax：亮度设置，与 norm 类似，如果使用了 norm，则该参数无效。

alpha：设置散点的透明度。

linewidths：设置散点边界线的宽度。

edgecolors：设置散点边界线的颜色。

下面以表 8-6 中的数据举例说明。

表 8-6　2003—2012 年北京市部分区房价一览表　　　　　　　元 / 平方米

年份	朝阳	海淀	丰台	东城、西城	石景山	昌平	通州	大兴
2003	3900	4200	4300	5600	1100	4490	2100	3870
2004	4500	4800	4800	6600	1240	4700	2200	4300
2005	5800	5000	5200	9000	1200	5340	2300	5410
2006	7200	8000	7800	14 000	1500	6600	3000	6100
2007	13 000	13 000	11 000	27 000	2100	7300	3800	7550
2008	11 000	11 000	9500	18 000	2500	8700	4300	9800
2009	23 800	34 000	25 000	47 000	12 000	16 500	8100	14 450
2010	28 000	38 000	31 000	55 000	15 700	17 800	6200	15 400
2011	33 500	43 200	37 000	58 000	20 000	21 000	19 000	16 400
2012	37 600	47 800	41 000	60 010	22 200	18 700	24 000	17 500

注：数据来自某工作簿的某工作表。

【实例 8-9】

程序名称：PDA8202.py

功能：散点图

#!/usr/bin/python

–*– coding: UTF–8 –*–

import numpy as np

import pandas as pd

import matplotlib as mpl

from matplotlib import pyplot as plt

from pandas import Series, DataFrame, read_excel

df=read_excel('data8.xls', 'house', na_values=['NA'])

中文设置

```
font1={'family':'SimHei'}
mpl.rc('font', **font1)
nindexs=len(df.index)
x=df[' 年份 '][0:nindexs]
y1=df[' 朝阳 '][0:nindexs]
y2=df[' 海淀 '][0:nindexs]
plt.scatter(x, y1, s=20, c='red', label=" 朝阳 ")
plt.scatter(x, y2, s=20, color='blue', label=" 海淀 ")
plt.title(' 房价散点图 ')
plt.xlabel(' 年份 ')
plt.ylabel(' 房价 ( 元 / 平方米 )')
plt.grid(True)
plt.legend(loc='upper right')
plt.show()
```

程序运行后输出图形如图 8-10 所示。

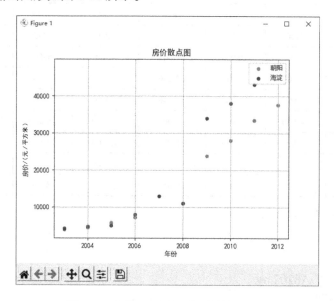

图 8-10　实例 8-9 程序运行后的输出图形

从图 8-10 可知，北京市朝阳区和海淀区的房价存在逐年上升趋势。

8.2.3　折线图

折线图也称趋势图，它是用直线段将各数据点连接起来而组成的图形，以折线方式显示数据的变化趋势。plt.plot() 方法可以绘制折线图。其格式为：

plt.plot(x, y, '–', color)

参数说明如下。

x, y：x 轴和 y 轴的序列。

'–'：画线的样式，有多种样式，详见表 8-7。

表 8-7　画线样式一览表

参 数 值	注 释
–	连续的曲线
– –	连续的虚线
–.	连续的带点的曲线
:	由点连成的曲线
.	小点，散点图
o	大点，散点图
,	像素点（更小的点）的散点图
*	五角星的点，散点图
>	右角标记散点图
<	左角标记散点图
1(2, 3, 4)	伞形上（下、左、右）标记散点图
s	正方形标记散点图
p	五角星标记散点图
v	下三角标记散点图
^	上三角标记散点图
h	多边形标记散点图
d	钻石标记散点图

以下仍以工作簿 dafa8.xls 的工作表 house 的数据为基础举例说明。

【实例 8-10】

```
# 程序名称：PDA8203.py
# 功能：折线图
#!/usr/bin/python
# –*– coding: UTF–8 –*–
import numpy as np
import pandas as pd
import matplotlib as mpl
from matplotlib import pyplot as plt
from pandas import Series, DataFrame, read_excel
df=read_excel('data8.xls', 'house', na_values=['NA'])
# 中文设置
font1={'family':'SimHei'}
mpl.rc('font', **font1)
```

```
nindexs=len(df.index)
x=df[' 年份 '][0:nindexs]
y1=df[' 朝阳 '][0:nindexs]
y2=df[' 海淀 '][0:nindexs]
plt.plot(x, y1, '-', color='red', label=" 朝阳 ")
plt.plot(x, y2, ':', color='blue', label=" 海淀 ")
plt.title(' 房价折线图 ')
plt.xlabel(' 年份 ')
plt.ylabel(' 房价 ')
plt.grid(True)
plt.legend(loc='upper right')
plt.show()
```

程序运行后输出图形如图 8-11 所示。

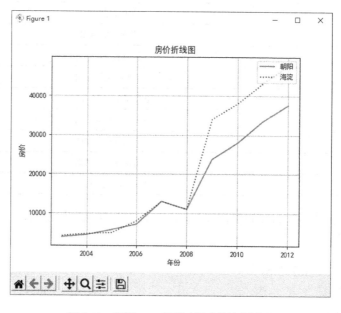

图 8-11　实例 8-10 程序运行后的输出图形

8.2.4　柱形图

柱形图用于显示一段时间内的数据变化或显示各项之间的比较情况，是根据数据大小绘制的统计图，用来比较两个或以上的数据（时间或类别）。plt.bar() 方法可以绘制柱形图，其格式为：

plt.bar(left, height, width, color)

参数说明如下。

left：x 轴的位置序列，一般采用 arange() 函数产生一个序列。

height：y 轴的数值序列，也就是柱形图高度，一般是需要展示的数据。

width：柱形图的宽度，一般设置为 1 即可。

color：柱形图填充颜色。

特别提示：

plt.bar() 用于绘制纵向柱形图，要绘制横向柱形图则使用 plt.barh() 方法。plt.barh() 方法的使用与 plt.bar() 类似，只是方向变成横向。

以下仍以工作簿 dafa8.xls 的工作表 score 的数据（见表 8-8）为基础举例说明。

表 8-8　学生分数一览表

学号	姓名	性别	籍贯	数学	语文	政治	综合	总分	备注
970101	张三	男	河北	92	62	73	158	385	
970102	李四	男	江西	81	95	55	138	369	
970103	王五	女	河南	70	75	68	196	409	
970104	小雅	男	贵州	80	59	83	142	364	
970105	吴一	女	贵州	78	75	71	176	400	
970201	李明	男	甘肃	80	99	86	162	427	
970202	江涛	男	北京	76	76	50	106	308	
970203	胡四	男	北京	55	72	99	182	408	
970204	温和	女	北京	90	84	82	144	400	
970205	贾正	女	北京	57	74	68	158	357	

【实例 8-11】

```
# 程序名称：PDA8204.py
# 功能：柱形图
#!/usr/bin/python
# -*- coding: UTF-8 -*-
import numpy as np
import pandas as pd
import matplotlib as mpl
from matplotlib import pyplot as plt
from pandas import Series, DataFrame, read_excel
df=read_excel('data8.xls', 'score', na_values=['NA'])
# 中文设置
font1={'family':'SimHei'}
mpl.rc('font', **font1)
df['学号']=df['学号'].astype(str)
nindexs=len(df.index)

x=df['学号'][0:nindexs]
```

```
y1=df[' 数学 '][0:nindexs]
y2=df[' 语文 '][0:nindexs]
y3=df[' 政治 '][0:nindexs]
y4=df[' 综合 '][0:nindexs]

plt.subplot(221)
plt.title(' 竖向柱形图：学号 – 数学 ')
plt.bar(x, y1, 0.5, color='Blue', label=' 数学 ')
plt.subplot(222)
plt.title(' 竖向柱形图：学号 – 语文 ')
plt.bar(x, y2, 0.5, color='Red', label=' 语文 ')
plt.subplot(223)
plt.title(' 竖向柱形图：学号 – 政治 ')
plt.bar(x, y3, 0.5, color='Green', label=' 政治 ')
plt.subplot(224)
plt.title(' 竖向柱形图：学号 – 综合 ')
plt.bar(x, y4, 0.5, color='Orange', label=' 政治 ')
plt.show()
```

程序运行后输出图形如图 8-12 所示。

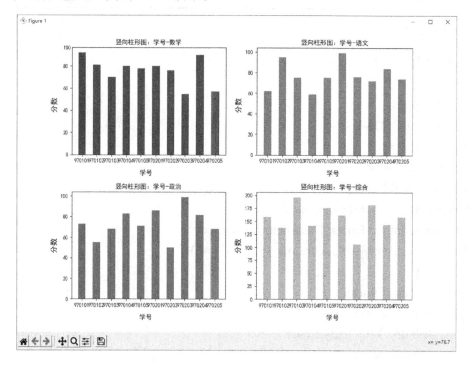

图 8-12　实例 8-11 程序运行后的输出图形

8.2.5　直方图

直方图（histogram）是用一系列等宽不等高的长方形绘制，以宽度表示数据范围的间隔，高度表示在给定间隔内数据出现的频数，变化的高度形态表示数据的分布情况。plt.hist() 方法可以绘制直方图，其格式为：

```
plt.hist(x, bins=10, range=None, normed=False,
        weights=None, cumulative=False, bottom=None,
        histtype='bar', align='mid', orientation='vertical',
        rwidth=None, log=False, color=None,
        label=None, stacked=False)
```

参数说明如下。

x：指定要绘制直方图的数据。

bins：指定直方图条形的个数。

range：指定直方图数据的上下界，默认包含绘图数据的最大值和最小值。

normed：是否将直方图的频数转换成频率。

weights：该参数可为每一个数据点设置权重。

cumulative：是否需要计算累计频数或频率。

bottom：可以为直方图的每个条形添加基准线，默认为 0。

histtype：指定直方图的类型，默认为 bar，除此还有 'barstacked', 'step', 'stepfilled'。

align：设置条形边界值的对齐方式，默认为 mid，除此还有 'left' 和 'right'。

orientation：设置直方图的摆放方向，默认为垂直方向。

rwidth：设置直方图条形宽度的百分比。

log：是否需要对绘图数据进行 log 变换。

color：设置直方图的填充色。

label：设置直方图的标签，可通过 legend 展示其图例。

stacked：当有多个数据时，是否需要将直方图呈堆叠摆放，默认水平摆放。

以下仍以工作簿 dafa8.xls 的工作表 score 的数据为基础举例说明。

【实例 8-12】

```
# 程序名称：PDA8205.py
# 功能：直方图
#!/usr/bin/python
# -*- coding: UTF-8 -*-
import numpy as np
import pandas as pd
import matplotlib as mpl
from matplotlib import pyplot as plt
from pandas import Series, DataFrame, read_excel
df=read_excel('data8.xls', 'score', na_values=['NA'])
```

```
# 中文设置
font1={'family':'SimHei'}
mpl.rc('font', **font1)
df[' 学号 ']=df[' 学号 '].astype(str)
nindexs=len(df.index)
x=df[' 学号 '][0:nindexs]
y1=df[' 数学 '][0:nindexs]
y2=df[' 语文 '][0:nindexs]
y3=df[' 政治 '][0:nindexs]
plt.title(' 直方图 ')
colors1=['red', 'Green', 'blue']
labels1=[' 数学 ', ' 语文 ', ' 政治 ']
plt.hist([y1, y2, y3], bins=10, cumulative=False, color=colors1, label=labels1)
plt.xlabel(' 分数区间 ')
plt.ylabel(' 人数 ')
plt.grid(True)
plt.legend(loc='upper right')
plt.show()
```

程序运行后输出图形如图 8-13 所示。

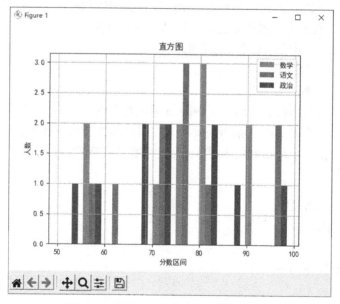

图 8-13　实例 8-12 程序运行后的输出图形

当 cumulative=True 时，输出图形如图 8-14 所示。

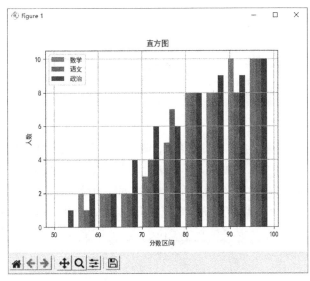

图 8-14　cumulative=True 时的输出图形

8.3　本章小结

本章介绍了 Matplotlib 模块的安装与导入、绘图的基础知识、中文支持配置、Matplotlib 配置参数的修改、多个子图的不同形式、常见图形的绘制方法。

8.4　思考和练习

1. 安装和导入 Matplotlib 模块。
2. 编写代码实现在一个窗口中绘制两条曲线，要求叠加在一个子图中。
3. 编写代码实现在一个窗口中绘制多条曲线，要求每一曲线占用一个子图区域。
4. 编写代码创建多个窗口，每个窗口至少绘制一个子图。
5. 以表 8-9 中的数据为基础，绘制饼图、散点图、折线图、柱形图和直方图。

表 8-9　练习用数据

学号	姓名	性别	籍贯	数学	语文	政治	综合	总分	备注
970101	张三	男	河北	92	62	73	158	385	
970102	李四	男	江西	81	95	55	138	369	
970103	王五	女	河南	70	75	68	196	409	
970104	小雅	男	贵州	80	59	83	142	364	
970105	吴一	女	贵州	78	75	71	176	400	
970201	李明	男	甘肃	80	99	86	162	427	
970202	江涛	男	北京	76	76	50	106	308	
970203	胡四	男	北京	55	72	99	182	408	
970204	温和	女	北京	90	84	82	144	400	
970205	贾正	女	北京	57	74	68	158	357	

提示：饼图绘制每个学生单科分在总分中的占比。

参 考 文 献

［1］VanderPlas J. Python 数据科学手册 [M]. 陶俊杰，陈小莉，译 . 北京：人民邮电出版社，2018.

［2］Zeller J. Python 程序设计 [M]. 王海鹏，译 . 3 版 . 北京：人民邮电出版社，2018.

［3］Schneider D I. Python 程序设计 [M]. 车万翔，译 . 北京：机械工业出版社，2016.

［4］董付国 . Python 程序设计基础 [M]. 2 版 . 北京：清华大学出版社，2015.

［5］夏敏捷 . Python 程序设计——从基础到开发 [M]. 北京：清华大学出版社，2017.